住宅户型改造设计宝典

户型改造魔术师

1种户型的3种改造设计图解

黄溜　歆静　等编著

机 械 工 业 出 版 社

本书精选20套国内商品房经典户型平面图，根据不同生活习惯与起居方式，各设计3种不同的设计方案，包含平面布置图与各角度效果图，通过平面布局、家具配置、色彩搭配、软装陈设、灯光照明等多方面讲解住宅装修设计改造方法。通过对经典户型深入剖析，对使用功能做统一要求，运用头脑风暴的思维方式设计3种不同方案。彻底解决了设计师对空间布局中踌躇不定、反复修改的工作难题，弥补了设计师思维单一、没有创新的缺陷。帮助设计师与客户展开全面沟通。本书能帮助设计师积极开发创意思维，设计出让客户满意的平面布局。

本书可供室内设计师以及准备装修的业主阅读，也可作为各大中专设计院校学生的参考读物。

图书在版编目（CIP）数据

户型改造魔术师：1种户型的3种改造设计图解 / 黄溜等编著. —北京：机械工业出版社，2020.7

（住宅户型改造设计宝典）

ISBN 978-7-111-65810-8

Ⅰ. ①户…　Ⅱ. ①黄…　Ⅲ. ①住宅—室内装饰设计—图解
Ⅳ. ①TU241-64

中国版本图书馆CIP数据核字（2020）第098817号

机械工业出版社（北京市百万庄大街22号　邮政编码100037）
策划编辑：宋晓磊　责任编辑：宋晓磊　李宣敏
责任校对：美玉霞　封面设计：鞠　杨
责任印制：孙　炜
北京华联印刷有限公司印刷
2020年8月第1版第1次印刷
184mm×260mm・10.75印张・194千字
标准书号：ISBN 978-7-111-65810-8
定价：69.00元

电话服务	网络服务
客服电话：010-88361066	机　工　官　网：www.cmpbook.com
010-88379833	机　工　官　博：weibo.com/cmp1952
010-68326294	金　　书　　网：www.golden-book.com
封底无防伪标均为盗版	机工教育服务网：www.cmpedu.com

前言

传统的室内设计教育强调专业技能，注重图样的规范与材料工艺，重点在于设计师的职业技能培养，却忽略了设计师的思维创新能力培养。走上工作岗位的年轻设计师们只能通过长期的实践来获得这项能力，从而耽误了不少时间。很多大型装修公司会对设计师进行岗前培训，除了绘图规范与预算报价，也会提到设计变化与创新，但由于不同公司的投入规模与营销策略不同，常对此并没有进行太多深入的讲解。因此，设计师们需要一本对户型改造装修进行深入讲解且实用的图书，以作为设计师手中的户型设计参考宝典。

本书满足了设计师在进行现代住宅户型设计时的以下需求：

（1）学习需求：提高设计师家居空间布局设计能力，解决空间布局中踌躇不定、反复修改的问题，解决设计师思维单一、没有创新的困境。将设计多样性与设计可选性列出来逐一解决。设计师与客户沟通时，常遇到的问题就是平面方案不能让客户满意，客户有自己的审美观点与生活习惯，而本书将各种空间布局都分列出来，开发设计师的思维，以设计出让客户满意的平面布局。

（2）工作需求：具有一定的查阅功能，1套户型设计出3种方案后，每种方案的设计风格、软装陈设都不同，能让读者相互搭配，自由选取。对每种方案深化设计效果图，内容全面，每张图均作文字说明，体现图解内容。详细介绍每种户型的基本情况，描述设计方案的特点与理想效果，分析原始户型的优点与缺点，对平面图中改造部位画圈并标号，对应标号进行文字讲解。此外，还附带拓展改造的知识点的贴士及带图解文字说明的效果图。以实现设计师快速与客户达成一致，迅速签单，减少改图、修图的时间的目的。同时，也能满足住宅装修消费者选择户型设计与室内装饰手法的需要。

参与本书编写的还有汤留泉等。需要本书相关图样请联系编者，编者邮箱为designviz@163.com。

编　者

目录

开启
住宅改造之旅
Start

案例 1 挖掘空间增大面积

墙内不够墙外补，挖掘一切可利用空间，零花费增大房屋面积

户型档案

这是一套建筑面积约为52m²的小户型，含卧室、客餐厅、厨房、卫生间各一间，另含朝北的阳台一处。

主人寄语

作为刚进入职场的年轻人，这是我们在这座城市安身立命之地；作为刚进入婚姻的年轻夫妇，这里更承载着我们对美好人生的憧憬与寄托，这里将是我们心里最温馨的港湾。因为是人生的第一套住房，经济能力有限，所以它的面积并不大。但是，我们希望通过改造设计后，能使面积得到最大化的扩展利用。同时，也希望能打造出适合现代年轻人生活方式的时尚空间。

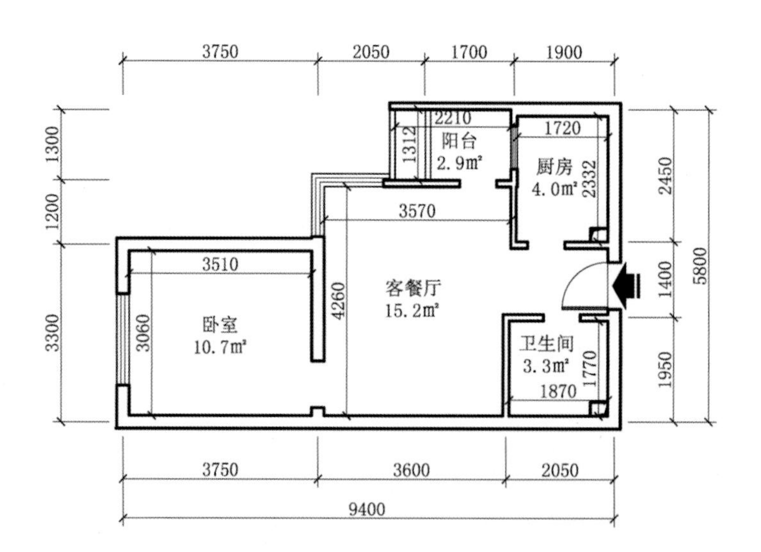

原始平面图

优缺点分析

优点：这套小居室虽然面积不大，却胜在户型方正，各功能区域分布紧凑，基本没有畸零空间，浪费空间少。

缺点：相对于整个居室面积而言，阳台所占空间比例较大，对于小户型的功能需求来说，有些奢侈。尤其是阳台中用栏杆分隔出专用的空调放置区，着实浪费。

方案1.1 现代时尚与田园自然的完美结合

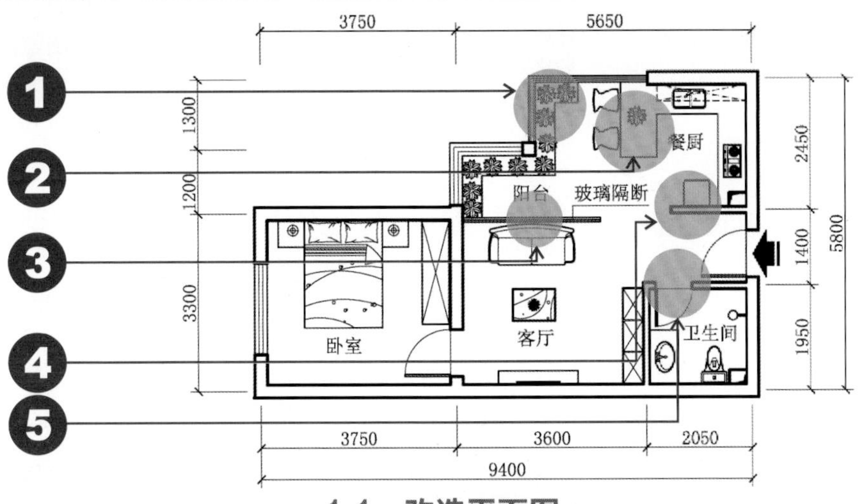

1.1 改造平面图

变身后的新形象诠释

❶ 拆除原阳台与空调置放区之间的栏杆，并拆除原阳台的两面外墙的部分墙体，安装5mm＋9mm＋5mm厚中空钢化玻璃，形成通透封闭式的落地窗，摆放各式绿植，打造室内田园。

❷ 拆除厨房与原阳台间的隔墙，将原阳台并入室内空间，大大增加了空间使用面积。

❸ 以8mm厚钢化玻璃隔断，将餐厨空间与客厅之间作功能分区，更方便客厅的沙发摆放与客厅视听及会客的功能需求。

❹ 封闭原厨房的开门，改变原有的餐厨分布，打造全新的餐厨空间。

❺ 将卫生间的开门靠墙角设置，避免了与入户大门在使用时的不便。

↑在客厅的电视背景墙上镶嵌大面积玻璃镜，能在视觉上有效扩大居室的空间面积，使空间更通透、大气，这种装修手法非常适合小户型的装修

↑以钢化玻璃隔断作为室内功能空间的分隔，能让空间在视觉上起到分隔作用的同时又不会显得闭塞、沉闷

←在小户型改造装修中，设计大面积的落地窗，不仅能有效增强居室的通透感，还能大大增加室内的采光

←在现代家居设计中，黑白灰的中性色系搭配尤其受年轻人的青睐，其可突显出年轻人简单、率真的个性

↑双层窗帘是近年来在家居装修中使用最广泛的一种窗帘样式，它不仅具有视觉上的层次美，更能满足人们对居室光线的各种要求

↑在床头挂置装饰画，可在美化墙面的同时，还能彰显出居室主人独具个性的审美情趣，为卧室增添不一样的韵味

方案1.2 量体裁衣，打造满足个性化需求的大卧室

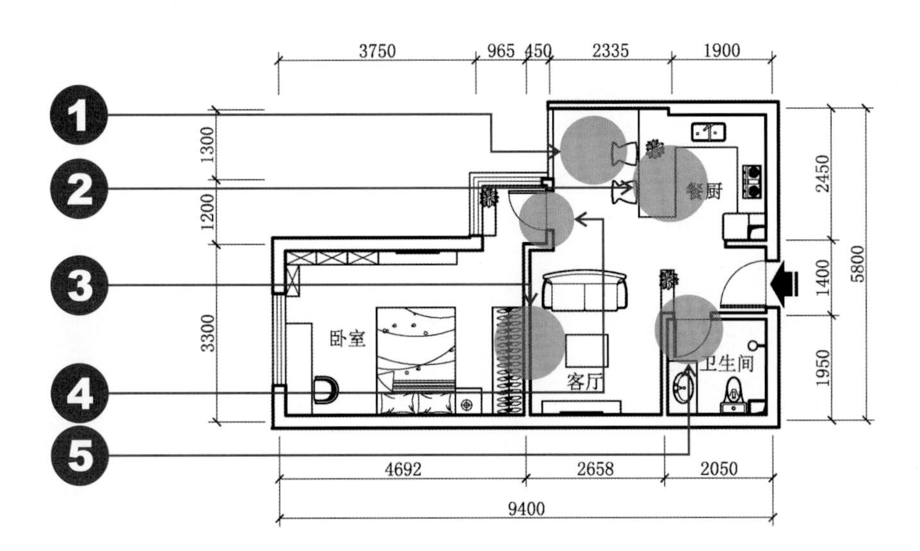

1.2 改造平面图

变身后的新形象诠释

❶ 拆除原阳台与空调置放区之间的栏杆，同时拆除厨房与原阳台间的隔墙，将空调置放区的空间与原阳台全并入厨房，使原本狭窄的厨房空间变得宽敞。

❷ 拆除原阳台与客厅间的隔墙，同时拆除厨房与客厅间及厨房与入户走道间的部分墙体，将厨房与餐厅功能合并，形成开阔的一体式餐厨。

❸ 拆除卧室与客厅间的隔墙，向客厅方向延伸，制作100mm厚石膏板隔墙，将客厅的部分空间并入卧室中，在不影响客厅使用功能的同时，为打造卧室衣柜留足空间。

❹ 改变卧室的开门位置，将客厅的部分空间并入卧室，在增加卧室使用空间的同时，丰富了卧室的空间层次。

❺ 将卫生间的开门靠墙角设置，避免了与入户大门在使用时的不便。

↑以木质线条作为电视机背景墙的装饰，能使原本单调的墙面内容变得丰富，且不需要花费太多，是卧室电视机背景墙最实用的处理手法

↑床头背景墙铺贴壁纸，与其他墙面的乳胶漆涂饰相区别，成为卧室的视觉中心

↑粗犷自然的砖墙图案壁纸，与古朴的中式风格家具相得益彰，渲染出古色古香的家居气息

↑以自行车为原型的工艺品挂置在墙面上，彰显出居室主人不拘一格的品位

→色彩斑驳的玻璃锦砖，不仅能丰富空间氛围与增强空间灵动感，还能在视觉上起到扩展空间的效果

方案1.3 好想要个书房？搬个书房进家！

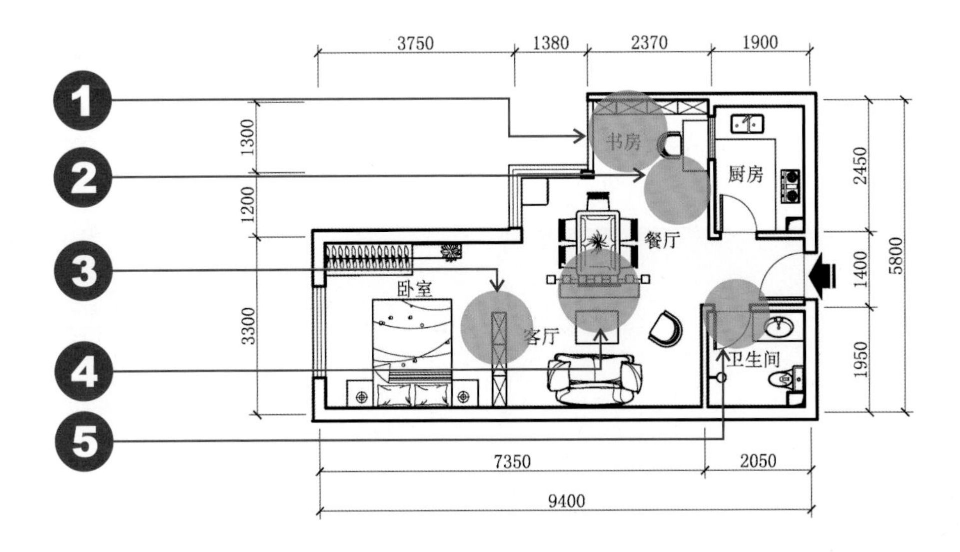

1.3 改造平面图

变身后的新形象诠释

❶ 拆除原阳台与空调置放区之间的栏杆，将空调置放区的空间与原阳台合并，将此空间设置为居室的书房，为居室增添一处新的功能区。

❷ 拆除原阳台与客厅间的隔墙，使书房、餐厅、客厅三个功能区域形成一个整体的开放式空间，在不影响各区域使用功能的同时增大了室内活动空间。

❸ 拆除卧室与客厅间的隔墙，以向卧室方向开启的装饰柜与Φ120mm外饰调色清漆菠萝格原木造型作分隔，在不影响卧室隐私需求的前提下，使卧室与客厅相通。

❹ 以Φ120mm菠萝格原木造型作隔断，外饰调色清漆，将客厅与餐厅作功能区的分隔，这样既有效分隔了空间，又丰富了居室的装饰效果。

❺ 将卫生间的开门靠墙角设置，避免了与入户大门在使用时的不便。

↑菠萝格原木的造型运用在家居装修中，具有非常醒目的视觉美感，能为居室带来别具一格的装饰效果

↑木纹图案与条纹壁纸铺设在顶面，与菠萝格原木的隔断及古朴的木质造型灯具相结合，营造出独特的异域风格

↑墙面涂饰的乳胶漆与墙面的立体墙贴及画框均使用纯度不同的同色系绿色，沙发上抱枕的颜色与之相呼应，使整体色彩和谐统一

↑装修后期的软装饰在装修中常常能起到画龙点睛的重要作用，卧室墙上的装饰画、床头柜上的装饰花卉等，能让平淡的空间立刻生动起来

↑将原阳台改造成一个简易的小书房，多了一个更加实用的功能区，大大增加了居室的收纳功能

↑墙面与顶面分别用不同图案的壁纸铺贴，避免了使用同一种图案产生的单调感

案例  以人为本分配空间

百变空间，满足你对“家”的所有幻想

户型档案

这是一套建筑面积约为140m²的三居室户型，含卧室三间、卫生间两间，客厅、餐厅、厨房各一间，朝南、朝北的阳台各一处。

主人寄语

90后的我们，初为人父母，并且和父母同住。因此在装修时，不仅要考虑到我们年轻人的作息习惯，还要兼顾老人和孩子的日常起居规律。虽然孩子还小，还不需要有单独的卧室，但备一间独立的儿卧还是必需的。另外，家里可能偶尔还会有客人暂住，所以还需要一间客房以备不时之需。而房间却只有三间，想要满足这些功能需求确实令人头疼。

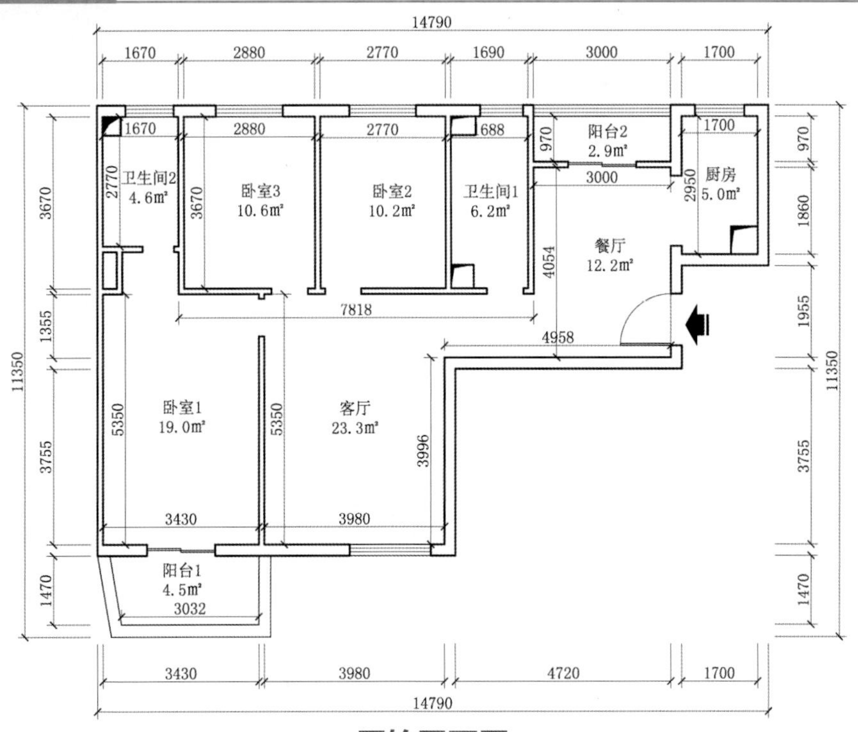

原始平面图

优缺点分析

优点：这套户型南北通透，这使得每个区域的通风、采光都非常不错，尤其是朝南的大阳台，满足一大家人的衣物晾晒之需。

缺点：三间卧室中，除了主卧室外，其他两间次卧室的面积相差无几，没有主次之分，同时，两间次卧室的面积也都显得非常狭小。这样一来，在进行区域划分时，不好做更合理的功能安排。

方案2.1 不改变原始户型结构的最佳布置

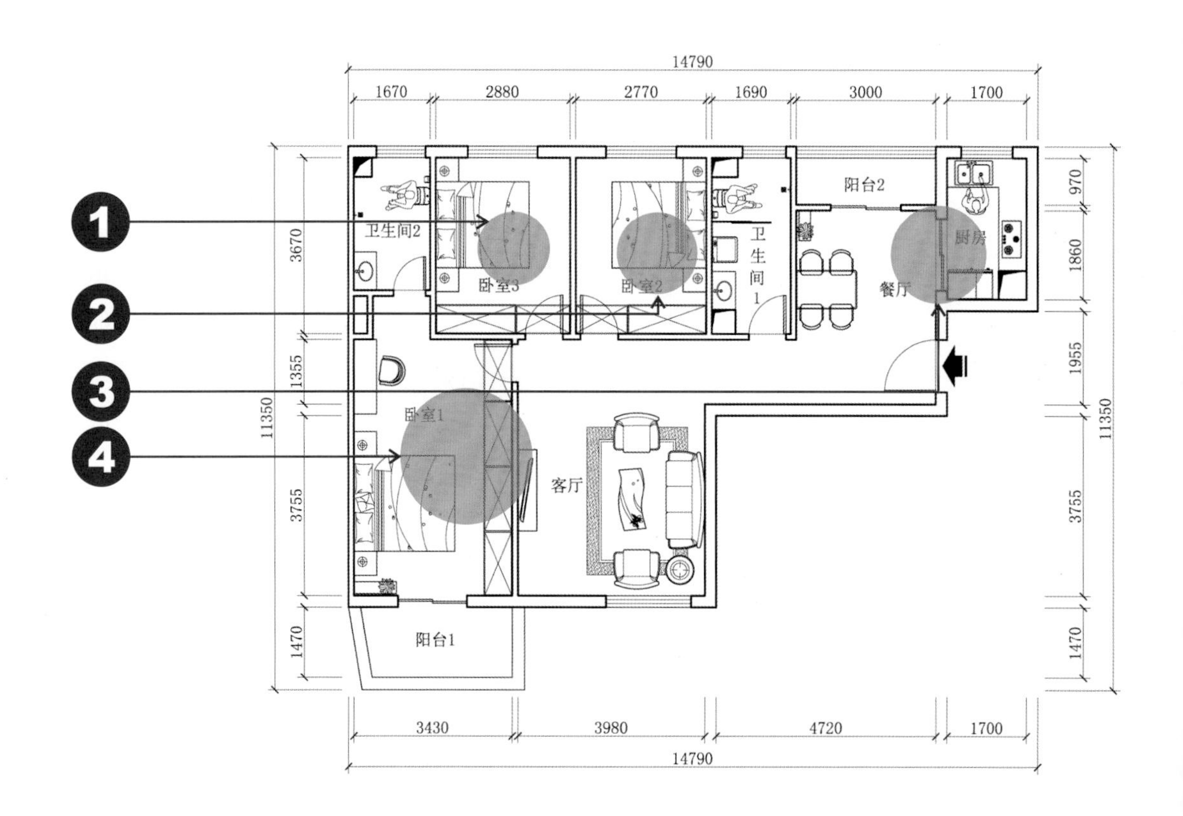

2.1 改造平面图

变身后的新形象诠释

❶ 卧室3设置为备用房，作为今后的儿童房和临时的客房备用，在不使用时，亦可作家庭的储物间，放置不常用或是换季时需搁置的家居物品。

❷ 将与卫生间1相邻的卧室2设置为老人的房间，与卫生间相邻，更方便老人的日常起居。

❸ 在厨房与餐厅间安装钛镁合金边框，中间镶嵌5mm厚钢化玻璃的推拉门，既对这两个区域进行了明确分区，同时，钢化玻璃的透光性又使这两个区域的光线形成互借，使居室光线更充裕。

❹ 带卫生间2的卧室1作为主卧室，宽敞的空间可供大体积的衣柜安置以及摆放其他家具，满足年轻人对衣柜的收纳需求及工作、生活所需空间。

↑电视机背景墙铺贴竖条纹壁纸，黑白灰的搭配处理让本没有任何凹凸造型的墙面在视觉上产生立体感，收获意外的惊喜

↑沙发背景墙选择与相对的电视机背景墙同一风格却又有区别的竖条纹壁纸，既在整体上相互呼应，又各有特色，令客厅的层次感更丰富

↑在餐桌旁的墙面上钉制搁板，可以在上面摆放一些小件盆景或是有特色的时尚装饰小物件加以点缀，或放些零食、调料等供用餐时方便取用

↑为使装修中色彩的搭配显得自然和谐，从顶棚上的吊灯到墙面，再到窗帘、床头柜、床上用品以及地面等，所有的用色都属于棕色系

↑在床头背景墙上安装成品置物架，造型多样，安装方便，价格实惠

↑床头背景墙的石塑装饰板与卧室风格协调，但显得平淡，通过深色玻璃胶勾缝，打破平静，增添动感

方案2.2 主次分明，根据实用功能重新划分空间布局

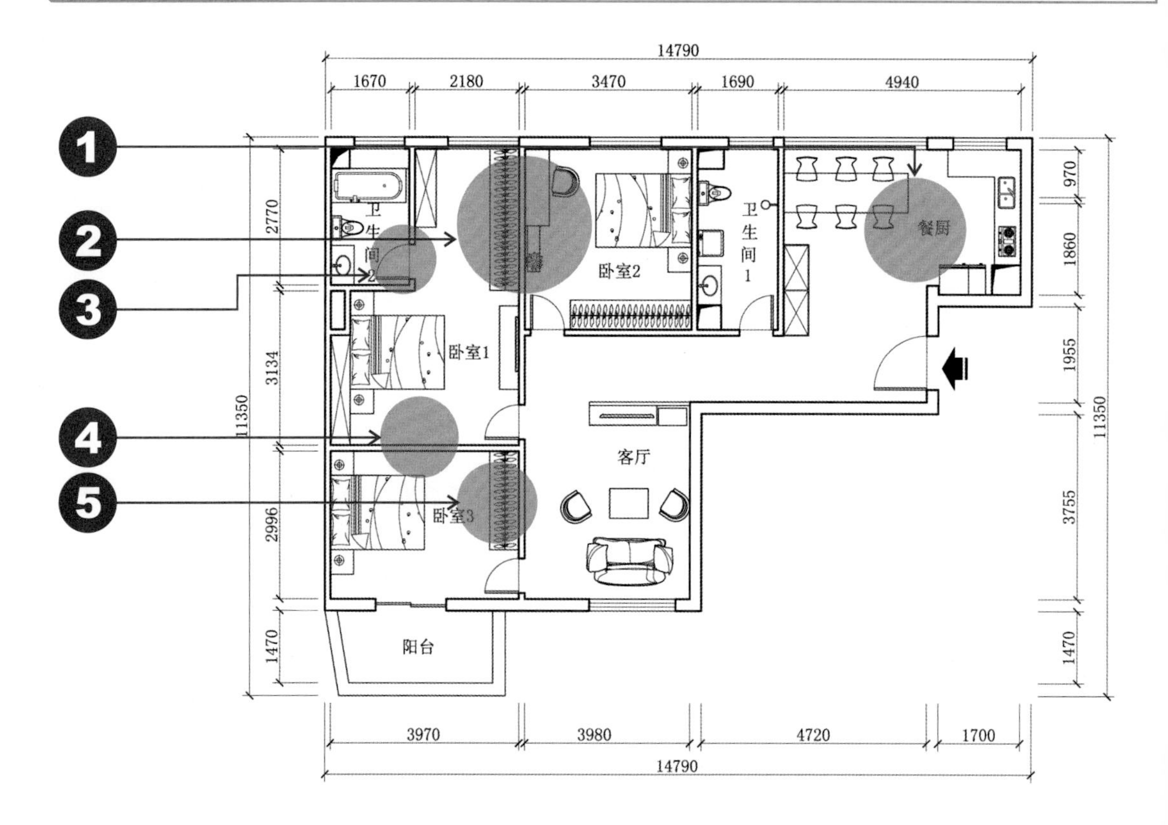

2.2 改造平面图

变身后的新形象诠释

❶ 拆除原阳台2与餐厅间的隔墙，同时拆除原阳台2与厨房间的隔墙，将原阳台2并入室内，使厨房与餐厅形成一个整体的空间，打造开阔的现代一体式餐厨。

❷ 拆除卧室2与原卧室3间的隔墙，向原卧室3方向以与窗户边缘墙体相齐制作100mm厚石膏板隔墙，使作为老人房的卧室2的空间得以扩大，为老人打造一个宽松舒适的卧室。

❸ 改变卫生间2的开门方向，并入卫生间2的原卧室3重新设定为新的主卧室，新布局的主卧室户型更方正，避免了畸零空间的浪费。

❹ 在原卧室1中以100mm厚石膏板制作隔墙，分隔出作为居室收纳与客房兼用的备用空间卧室3，房间大小以紧凑实用为原则。同时，紧邻阳台更方便衣物的晾晒与收纳。

❺ 拆除原卧室1与客厅间的隔墙，在卧室2新砌隔墙的延长线上，重新以100mm厚石膏板制作隔墙，在不影响客厅使用功能的同时，可以为居室增添更多的收纳空间。

↑以表面喷涂聚酯漆的30mm×40mm抛光木龙骨材质造型作为客厅的电视背景墙，在充当电视背景墙的同时还具备分隔空间的功能

↑在餐厅的墙上钉制置物搁板，既能起到装饰作用，又能方便在用餐时使用，比起单独安放置物柜更省空间，实用性更强

↑将原来的阳台并入室内，并且打通了厨房与餐厅这两个功能空间，一体式餐厨更适合现代人的生活方式，同时也使居室的采光更充裕

↑当砌筑卧室与卫生间的隔墙时，在石膏板隔墙中穿插镶嵌玻璃镜面与钢化玻璃隔板，玻璃镜面的反射性，能在视觉上有效扩展空间

←家居装修中装饰画的挑选要根据居室中其他元素的特征来决定。老人房中床头背景墙的装饰画完美地与铁艺床头及台灯的颜色和造型形成和谐统一

方案2.3 给父母最贴心的关爱

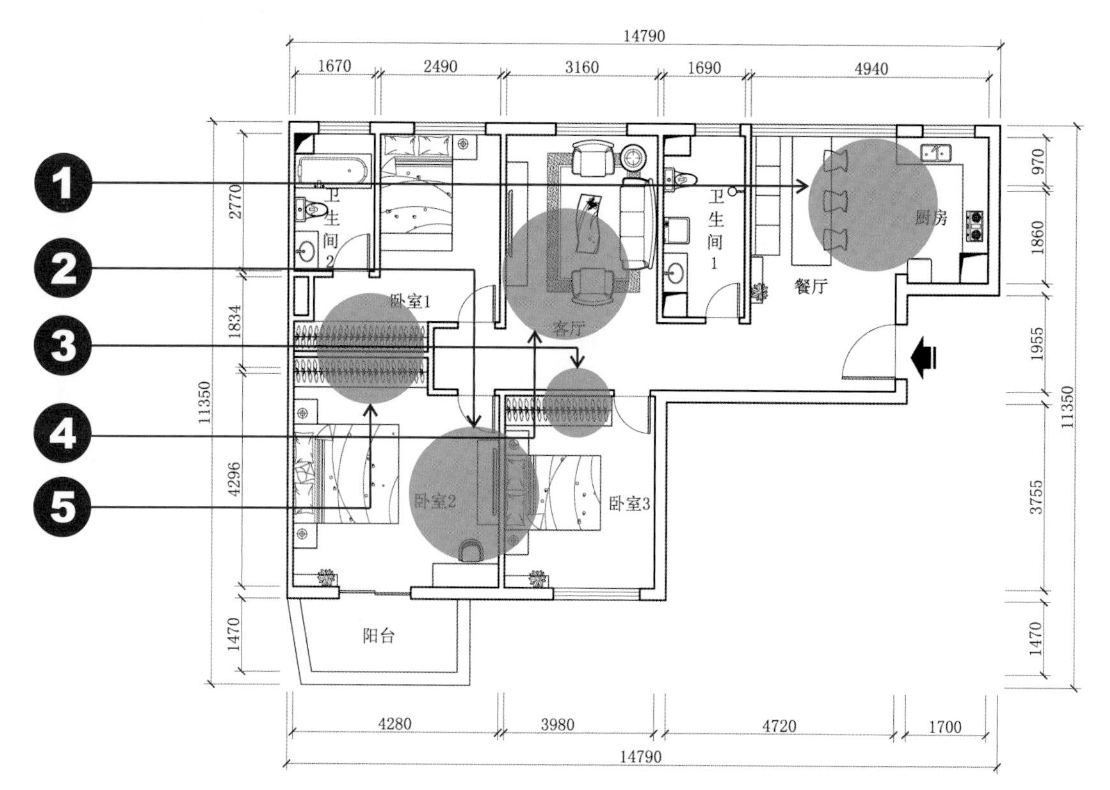

2.3 改造平面图

变身后的新形象诠释

❶ 拆除原阳台2与餐厅间隔墙，同时拆除原阳台2与厨房间的隔墙，将原阳台2并入室内，使厨房与餐厅形成一个整体的空间，打造现代一体式餐厨。

❷ 拆除原卧室1与原客厅间的隔墙，向原客厅方向平移850mm，以100mm厚石膏板制作隔墙，将原卧室1重新划分为卧室2。

❸ 以100mm厚石膏板制作隔墙，将原客厅重新划分为卧室3，作为居室的备用房，为今后的儿童房和临时的客房备用，在不使用时，亦可作家庭的储物间。

❹ 拆除原卧室2与原卧室3间的隔墙，向原卧室3方向平移至卧室2新制作隔墙延长线位置，以100mm厚石膏板制作隔墙。同时，拆除原卧室2与走道间的隔墙，将这部分空间重新划分为客厅空间。

❺ 在原卧室1中以100mm厚石膏板制作隔墙，隔墙两面设置分别向两间卧室开门的衣柜，原卧室3重新划分为老人房，带卫生间的卧室更适合行动不便的老人日常起居。

↑餐厅背景墙采用250mm×250mm仿古砖沿45° 方向斜贴，增添了背景墙的趣味性和装饰个性

↑个性的装饰物件如果直接挂置在墙面上，虽然也能达到很好的装饰效果，但显得平淡。而用装饰画框将装饰物件框起来，更能收到意外的效果

↑在装修地中海风格家居时，最经典的用色还是蓝色系与白色的完美搭配，这种搭配营造了一种浪漫、神秘的家居氛围，也提高了舒适感

↑虽然打通后的厨房与餐厅在视觉上已成一体化，但在装修中常常通过在顶棚的灯具作区分，风格不同的灯具能让人立刻分辨出功能区域

↑床头背景墙竖条形状的石塑装饰板，与室内的家具及床上的条纹织物的图案相呼应

↑卧室与阳台间的推拉门，采用5mm厚玻璃镜面镶嵌，玻璃镜面的反射性能在视觉上扩大了空间

案例3 大空间也需巧安排

大而不奢，寻求最完美的设计，不浪费每寸空间

户型档案

这是一套建筑面积约为160m²的四居室户型，含卧室四间、卫生间两间，客厅、餐厅、厨房各一间，朝南、朝北的阳台各一处。

主人寄语

我们家一共有四口人，我们夫妻两个人加上两个孩子，孩子们晚上睡觉都不需要和大人一起了，所以，他们各自都需要一间独立的卧室，卧室里需要单独的衣柜、书桌等家具，以便培养他们良好的生活习惯。孩子们的父亲是一位教育工作者和文学爱好者，在家很多时间都需要有个安静的环境供学习工作之用，因此，在我们家，一间独立静谧的书房是必需的。

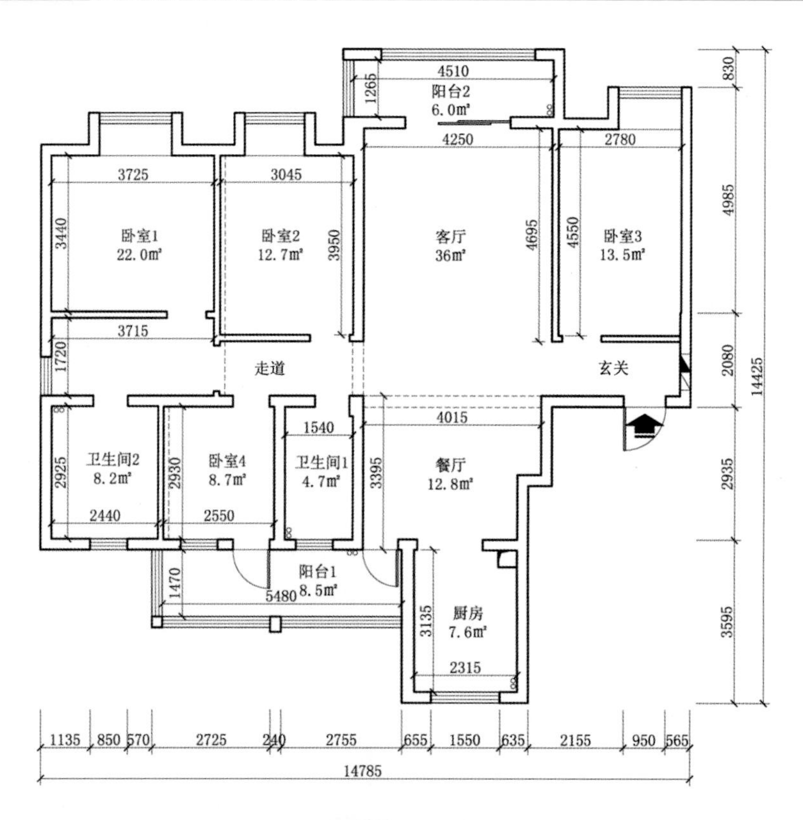

原始平面图

优缺点分析

优点：这套户型空间富足，四室两厅两卫可供自由分配布置，并且南北通透，各个功能空间都开有单独的窗户，保证了居室的通风与采光。

缺点：较多的空间分隔，使得最终形成的浪费空间较大。

方案3.1 百变万用的全能收纳型布置

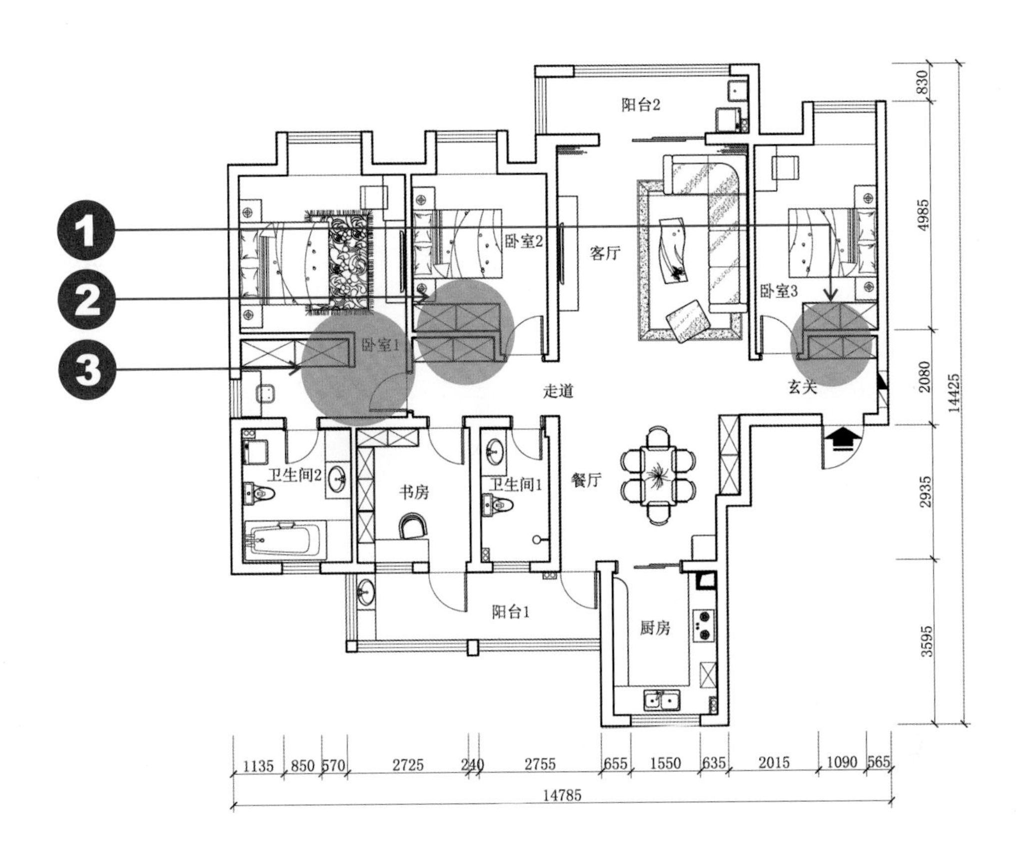

3.1 改造平面图

变身后的新形象诠释

❶ 拆除卧室3与入户走道间的隔墙，向卧室 3 方向延伸500mm，重新制作130mm厚石膏板隔墙，并且在隔墙两面分别设置深度为500mm与600mm的木质柜体。在不影响卧室 3 空间使用的同时，为入户大门处增添了安置装饰鞋柜的空间。

❷ 拆除卧室2与走道间的隔墙，向卧室 2 方向延伸500mm，以130mm厚石膏板制作隔墙，隔墙两面分别设置深度为500mm与600mm的装饰柜与衣柜，为居室增添更多的收纳空间。

❸ 拆除卧室1中开门处的部分墙体，依墙在靠走道的一面设置深度为500mm储物柜。将卫生间2并入卧室1中，以打造舒适宽松的主卧室。

↑沙发背景墙的立体装饰画在客厅中起着举足轻重的作用。在选择装饰画之前，一定要先测量墙面的尺寸，然后根据尺寸选购大小合适的装饰画

↑电视机背景墙采用玻璃镜面与木质装饰条相结合，装饰条上穿插的装饰小隔板，美观实用。同时，玻璃镜面的反射性在视觉上能增强空间感

↑餐厅的墙面、装饰酒柜以及座椅等均为浅色系，为了使餐厅的整体色彩平衡有重度，顶面的墙线和顶灯以及餐桌均选择黑色系列

↑书房里使用明亮的暖黄色墙面与色彩斑斓的创意置物格子，让书房给人的感受不再是一成不变的沉闷感

↑卧室墙角的落地灯是整个卧室色彩最重的部分，可以起着压轴平衡的作用

↑在装修后期，增加一些卡通型的软装饰，能为房间增添活泼可爱的童趣色彩，深受孩子喜爱

方案3.2 新格局下的书香华苑

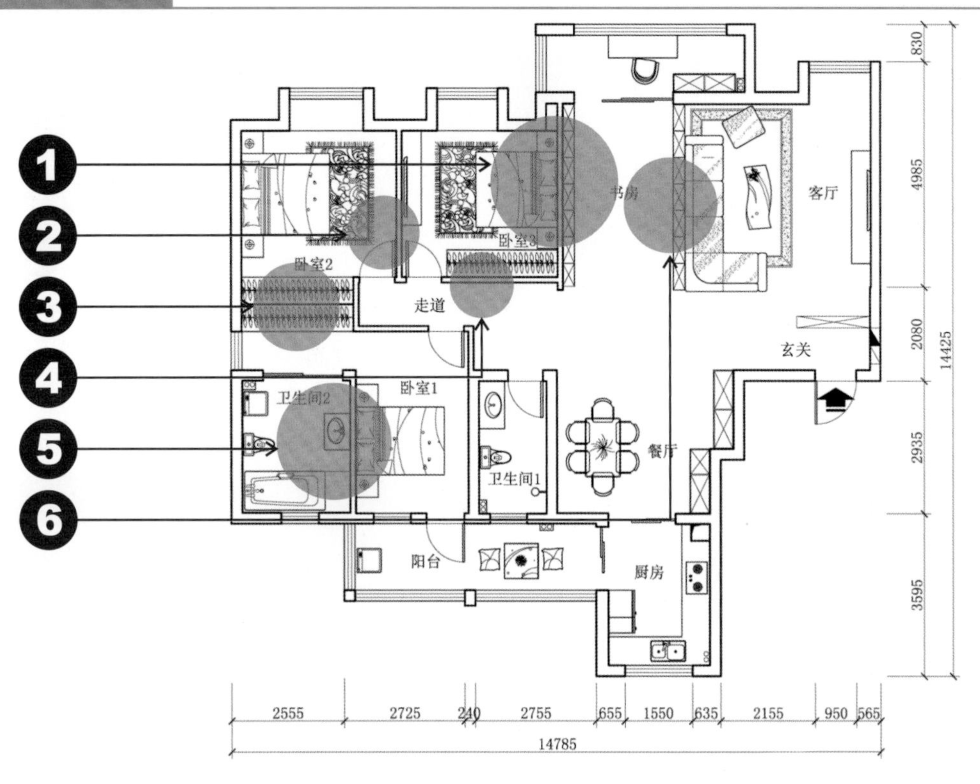

3.2 改造平面图

变身后的新形象诠释

❶ 拆除原卧室2与原客厅间的隔墙，重新制作100mm厚石膏板薄隔墙，隔墙向原客厅方向设置厚度为260mm的装饰柜。同时拆除原阳台2与原客厅间的部分隔墙，使其与新设置的装饰柜平齐。

❷ 拆除原卧室1与原卧室2之间的隔墙，向原卧室1方向平移220mm重新制作100mm厚石膏板隔墙，将这两间相邻的卧室设置为两间大小一致的儿童房。

❸ 拆除原卧室1与走道间的隔墙，以走道方向平移400mm为中线，分别向两面设置衣柜。

❹ 拆除原卧室2与走道间的隔墙，向原卧室2方向平移700mm重新制作100mm厚石膏板隔墙，同时重新设置开门。将此卧室重新分配为卧室3，作为一间儿童房。

❺ 将原卫生间2并入原卧室4，同时将卫生间的开门改为推拉门，作为新的卧室1。

❻ 拆除原卧室3与原客厅间的隔墙，向原客厅方向延伸650mm处设置装饰柜，以装饰柜分隔出新的客厅与书房区域。

↑黑色与红色的搭配，是中式风格装修的特征之一。柚木外饰红色聚酯漆的中式造型家具，与电视机背景墙，渲染出古朴醇厚的中式风

↑客厅与书房间以樱桃木外饰黑色聚酯漆造型隔断作分隔，既对两个空间进行了有效分区，又比传统的墙体分隔更节省空间，同时增添了居室的装饰效果

↑中式风格的家具以明清家具为主，造型典雅、工艺精湛、坚固实用的餐桌椅，为空间增添了一份庄重感

↑在进行装修后期的软装配置时，要注意所配置的软装饰与居室的装修风格相一致。主卧室中的置物桌架、抱枕、装饰画等都属于中式风格

↑乳胶漆与壁纸的结合使用是墙面装饰最常见的形式，在卧室的墙面常可铺贴色彩花纹淡雅的壁纸

↑水墨画是中国传统绘画，也是国画的代表。墙上挂置的水墨画与毛笔书法相辅相成，再辅以黑色边框，为空间营造一种具有传统文化特色的中式风格

方案3.3 让阳光洒在书扉，将梦想照进现实

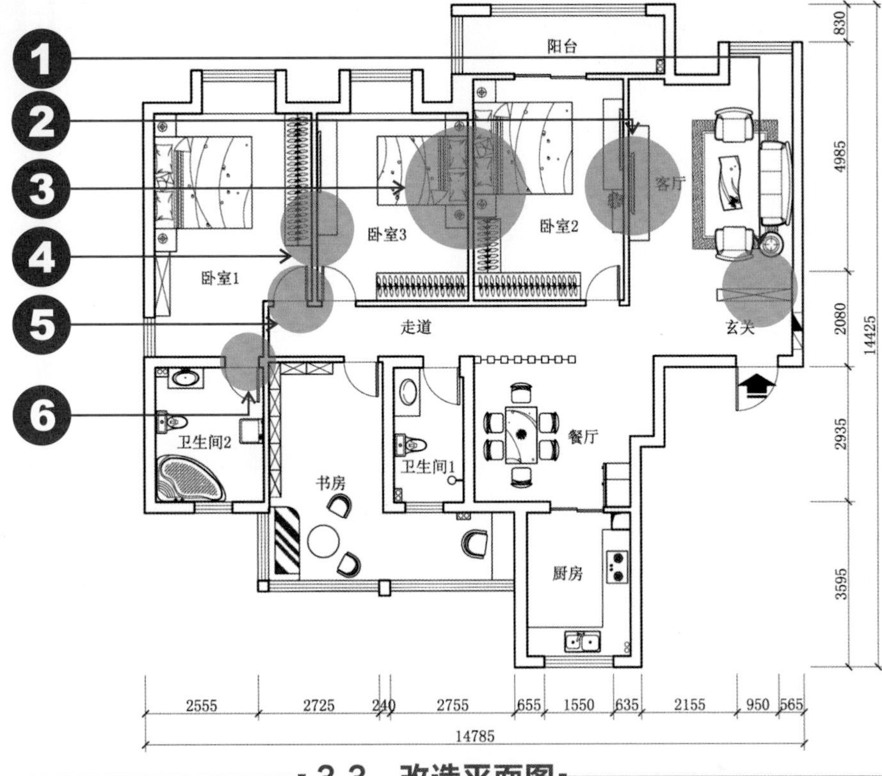

3.3 改造平面图

变身后的新形象诠释

❶ 拆除原卧室3与入户走道间的隔墙，在入门处设置装饰柜，集入户玄关与装饰鞋柜于一体。将原卧室3重新分配为客厅区域。

❷ 拆除原卧室3与原客厅间的隔墙，向原客厅方向延伸900mm处重新制作100mm厚石膏板隔墙，将原客厅重新分配为卧室2区域。

❸ 拆除原卧室2与原客厅间的隔墙，重新制作100mm厚石膏板薄隔墙，将原卧室2重新分配为卧室3，以薄墙分隔重新分配的相邻两间卧室，有效节省了空间。

❹ 拆除卧室1与原卧室2间的隔墙，向卧室1方向平移220mm重新制作100mm厚石膏板隔墙，在不影响卧室1空间使用的基础上，增大原卧室2现重新分配为卧室3的空间。

❺ 拆除卧室1与走道间的隔墙，将卧室1的门设置在与相邻的卧室3门位置的同一水平线上。

❻ 改变卫生间2的开门位置，将卫生间2并入卧室1中，拆除卫生间2与走道间的隔墙，向走道方向以100mm厚石膏板制作隔墙，隔墙延伸至卧室1开门位置。

↑在家居装修中，想要更加明显地突出装修风格，可以从一些家居小配件上着手。客厅中茶几上的烛台、背景墙上的工艺瓷盘等无不让东南亚风格更加清晰

↑将南面的阳台改造成集书房与休憩于一体的多功能空间，我们可以在阳光明媚的日子里，悠然于窗前，让阳光洒在书扉，打开窗户让暖风吹进来，何其惬意

↑在卧室中摆放一些绿植，不仅能美化空间，为人带来一片生机勃勃的感受。同时绿植所具备的排氧吸附能力还能净化室内空气

↑东南亚风格装修崇尚自然，以原始的纯天然材质为主，带有热带丛林的味道，在色泽上保持自然材质的原色调，其中褐色当属最常见

↑用软包来做电视机背景墙，颜色鲜艳的黄色软包，与周围红色系的实木家具相得益彰

↑杉木和沙比利这两种木材色彩与纹理相近，将杉木材质的顶棚与沙比利材质的床头背景墙相搭配，整个空间显得更加协调统一

案例 4 大胆创新，两房任性住

百变户型，开启四口之家的舒适生活

户型档案

这是一套建筑面积约为$80m^2$的两居室户型，含卧室两间，客厅、餐厅、厨房、卫生间各一间，朝北的阳台两处。

主人寄语

买这套房之前，我们做了不少功课，毕竟买房是件大事，光首付就消耗了我们几乎全部的积蓄。从地段、配套设施、户型等方面比较斟酌，千挑万选敲定了这套，总体来说还是比较满意的。我们一家四口，一对年轻夫妻加两位老人，正好两间卧室够用，但是需要更合理地分配卧室以及客厅、餐厅这些区域，让空间得以更好地展现和利用。

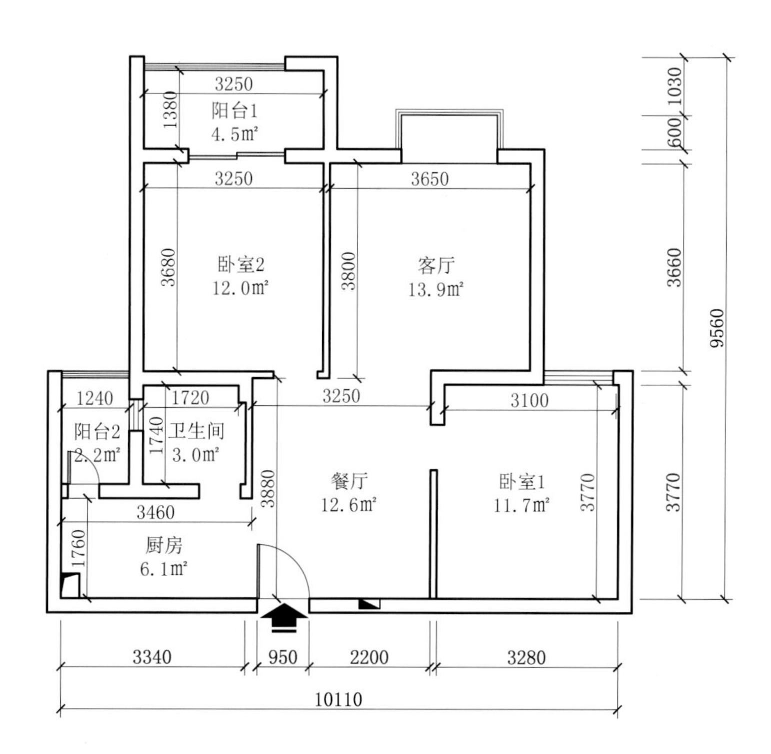

原始平面图

优缺点分析

优点：这套户型各功能区域分配紧凑，最大的特点是几乎没有任何畸零空间造成的浪费。空间可变性强，可供重新自由分配。

缺点：在面积上还是不够充裕，尤其是厨房太小。

方案4.1 众口可调的标准式布置

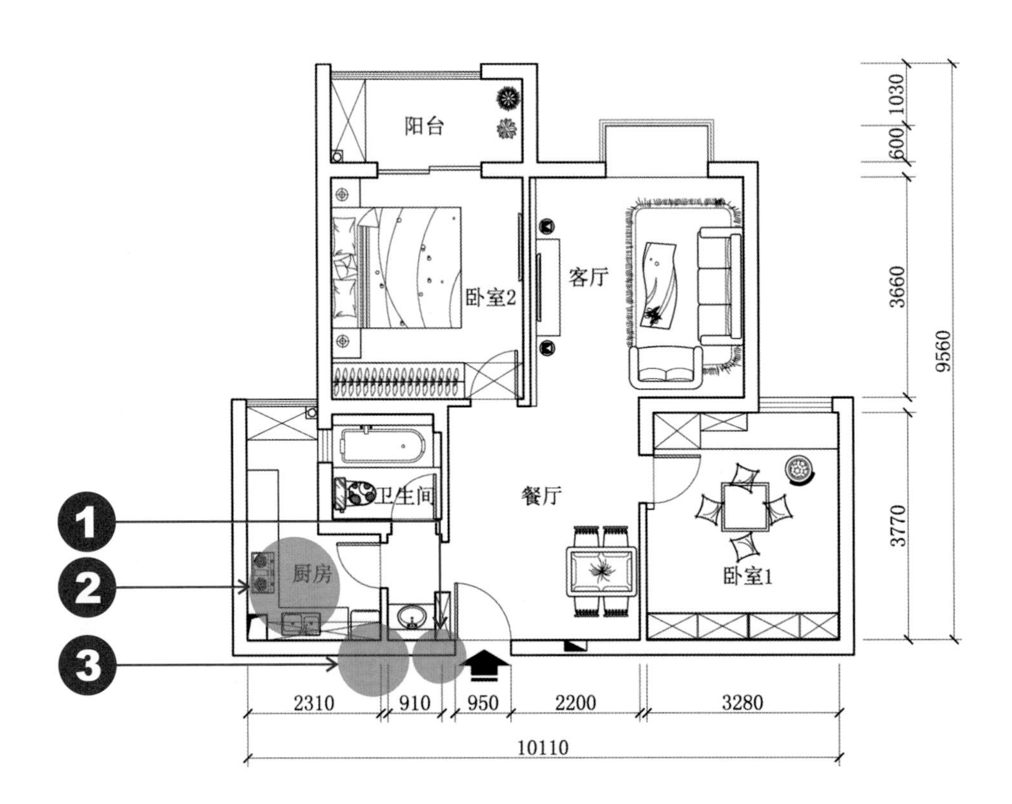

4.1 改造平面图

变身后的新形象诠释

❶ 在厨房与入户大门间设置宽为800mm，深度为250mm的装饰鞋柜，既有效进行了空间分隔，又增加了居室的收纳功能。

❷ 拆除厨房与原阳台2间的隔墙，将原阳台2并入厨房中，使原本显得鸡肋的阳台得以利用，变废为宝。

❸ 在厨房中分隔出一部分空间设置洗面台，作为日常清洁盥洗区域，弥补了卫生间狭小的缺陷，为卫生间的浴缸留足了安放空间。

↑带着原始气息的砖墙图案的壁纸，是客厅中一大亮点，乍一看就像是裸露的砖块赫然呈现在眼前，带给人自然、淳朴的感受

↑客厅的电视机背景墙没有过多的装饰，白色乳胶漆墙面上直接挂置电视机，因此墙上挂置的木质工艺品成为画龙点睛的一笔

↑餐厅的两面墙上的壁纸以一张完整山水画为图案，壁纸上用胡桃木外饰黑色聚酯漆木条纵向排列压住

↑在日式风格的家居装修中，最引人注目的是散发着稻草香味的榻榻米，它具有独特的日式风韵

↑造型简洁的屏风常用于日式装修中，卧室屏风中的图案采用传统的花鸟图案，清晰地向人展示着居室的风格

↑传统的日式家具以其清新自然、简洁淡雅的独特品位形成了独特的家居风格，日式家居环境所营造的闲适写意、悠然自得的生活境界令人向往

方案4.2 “收”个书房进卧室

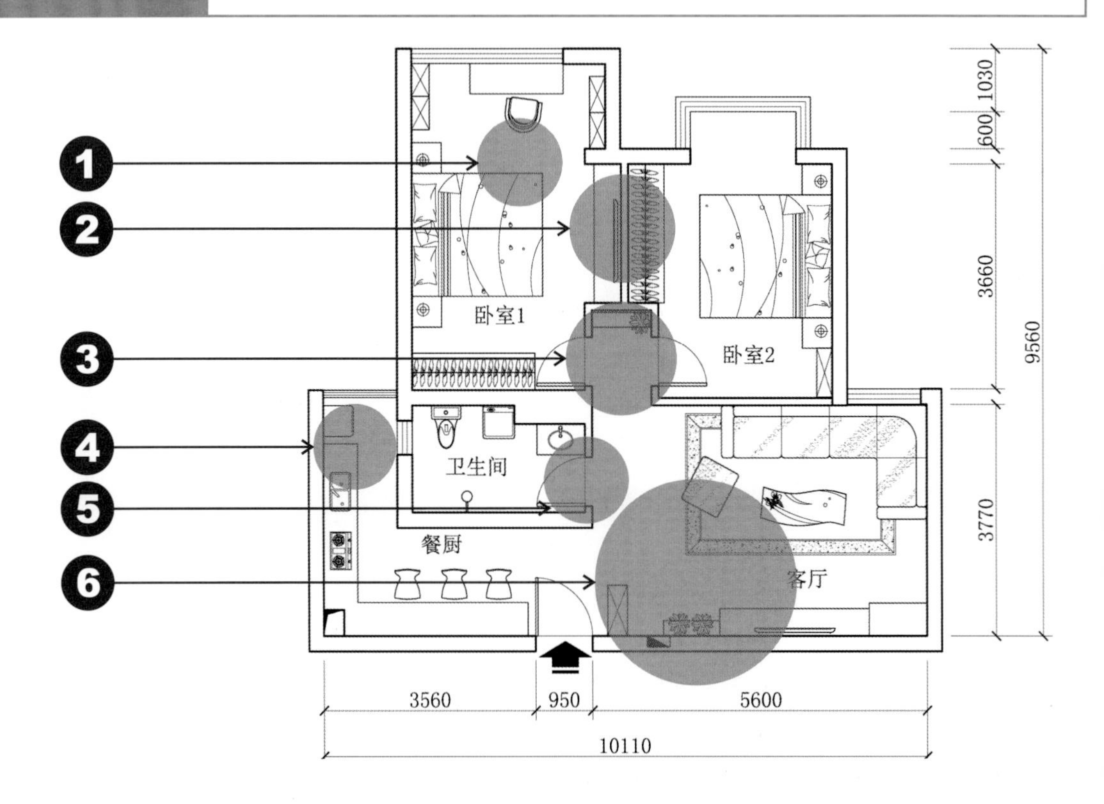

4.2 改造平面图

变身后的新形象诠释

❶ 拆除原卧室2与原阳台1间的隔墙及推拉门，将原阳台1的空间并入卧室中，形成新卧室1，增加了书房功能。

❷ 拆除原卧室2与原客厅间的隔墙，向原客厅方向平移250mm，以100mm厚石膏板制作隔墙。将原客厅重新分配为卧室2。

❸ 将重新分配设置的卧室1与卧室2的门相对而开，使居室的每处空间都得以最好的利用。

❹ 拆除厨房与原阳台2间的隔墙，将原阳台2并入厨房中，将厨房打造成现代一体式开放餐厨。

❺ 拆除卫生间与原餐厅间的隔墙，向原餐厅方向平移950mm，留足开门空间，其余部分以100mm厚石膏板制作薄墙，将卫生间空间扩展，方便日常使用。

❻ 拆除原餐厅与原卧室1间的隔墙，将这块区域重新分配为客厅空间，并且在入户大门处设置玄关装饰鞋柜，起到一定的空间分隔作用及保护隐私功能。

↑客厅中沙发的摆放要根据使用需求来决定，U形格局摆放的沙发，往往占用的空间比较大，但是舒适度也较高，适合平时客人较多的家庭

↑在厨房中靠墙放一组餐桌椅，上方的装饰搁板供放置餐具，将厨房的这部分空间打造成一个供一家三口日常用餐使用的小餐厅

↑将原来的阳台区域并入卧室中，形成一个集卧室与书房功能于一体的空间，让多个书房的愿望得以满足

↑床头柜一般与床是配套购买的，在挑选卧室床和床头柜时，要注意与房间内的其他家具风格、色调相匹配，否则会有零乱、不协调感

↑电视机背景墙作为客厅的视觉中心点，简单的一个装饰搁板，可以让背景墙丰富起来

↑在进行卧室中的灯光配置时，除了顶部的吊灯外，还需要落地灯、台灯、壁灯等灯具加以辅助

方案4.3 巧分配，小家也能住出“豪华”感觉

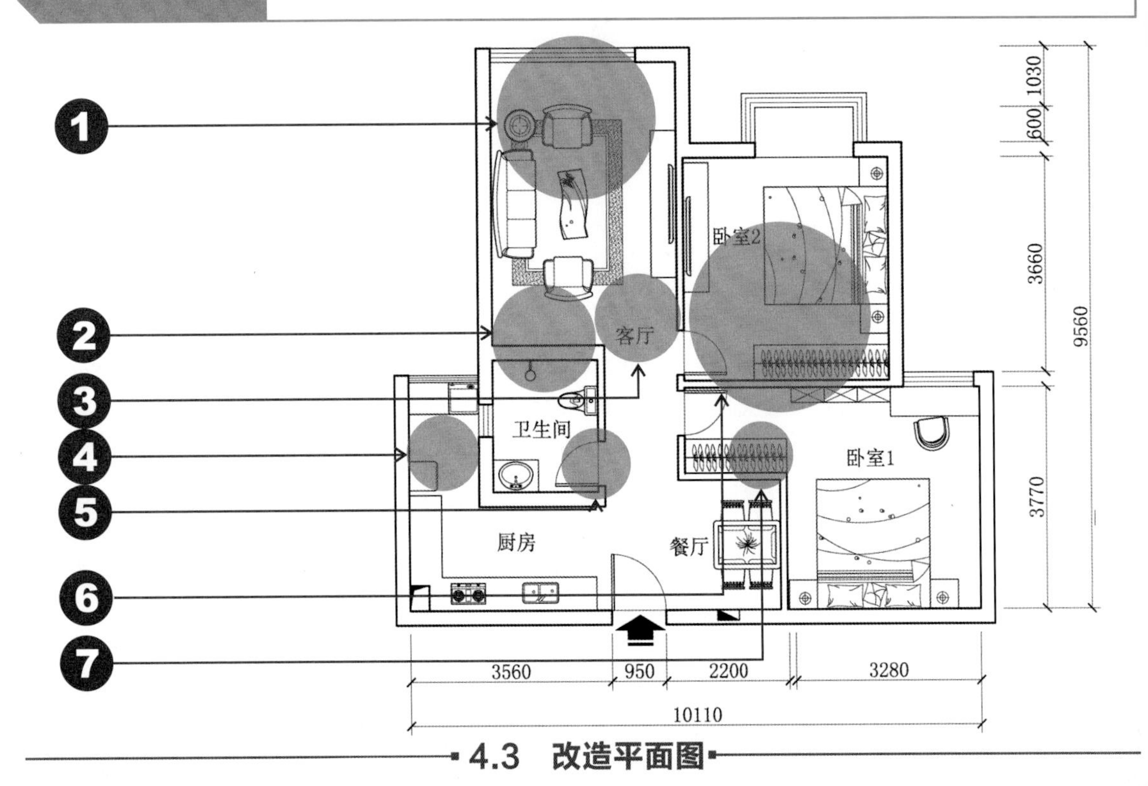

4.3 改造平面图

变身后的新形象诠释

❶ 拆除原卧室2与原阳台1间的隔墙及推拉门，将原阳台1与原卧室2合并，将此处重新分配为客厅区域。

❷ 拆除卫生间与原卧室2间的隔墙，向原卧室2方向平移500mm，将卫生间空间扩展，方便日常使用。

❸ 拆除原卧室2的开门，使重新分配的客厅区域与居室的其他区域相通，使居室空间更开阔。

❹ 拆除厨房与原阳台2之间的隔墙及开门，将原阳台2并入厨房中，以增加厨房的使用面积。

❺ 改变卫生间的开门位置，进出卫生间不再需要经过厨房，更方便日常使用。

❻ 拆除原客厅与卧室1间的隔墙，同时拆除原客厅与原卧室2间的隔墙，留足开门位置。其余部分以100mm厚石膏板制作隔墙，将原客厅重新分配为卧室2区域。

❼ 拆除卧室1与餐厅间的隔墙，以100mm厚石膏板制作隔墙，重新围合出新的餐厅与卧室1的区域。在留足餐厅使用空间的同时，扩展卧室1的空间，为卧室1增加更多的使用和收纳功能。

↑客厅作为家庭休憩、会客、娱乐的重要区域，是家居装修的中心点，高端大气的客厅能大大提升居室的整体档次

↑蓝与白是地中海装修风格中色彩的典型搭配之一，能营造一种时尚浪漫、自由悠闲的气氛

↑以花朵为造型元素的吊灯，是地中海风格灯具的代表，虽然卧室中顶面没有做吊顶加以装饰，但这一盏独特的吊灯就足以让顶面熠熠生辉

↑重新分配后的主卧室，不仅具备卧室的基本功能，还增加了书房功能，依窗而置的书桌，为阅读提供充裕的自然光线

↑床头背景墙造型采用浅色图案的石塑装饰板，淡雅低调的装饰效果与卧室的整体风格相得益彰

↑将具有文化特色的传统陶瓷工艺品摆放在卧室中，彰显出卧室主人深沉高雅的文化底蕴

案例5 紧凑三房的自由变换

沐浴在阳光里的家很温暖

户型档案

这是一套建筑面积约为95m²的紧凑型三居室，含卧室两间，卫生间两间，书房、客厅、餐厅、厨房各一间，朝南的阳台一处。

主人寄语

我们买的这套房是套二手毛坯房，最开始在网上看到这套房的户型图时，就特别满意，它的面积虽然不大，不到100m²，但是却有三室两厅两卫，对于我们这种工薪阶层来说，是非常实用的。我们是个三口之家，夫妻两个人加一个十岁的孩子，卧室只需要两间就够了，还有一间房可以设计成书房，但是究竟怎样分配才能更合理更舒适，还很迷茫。

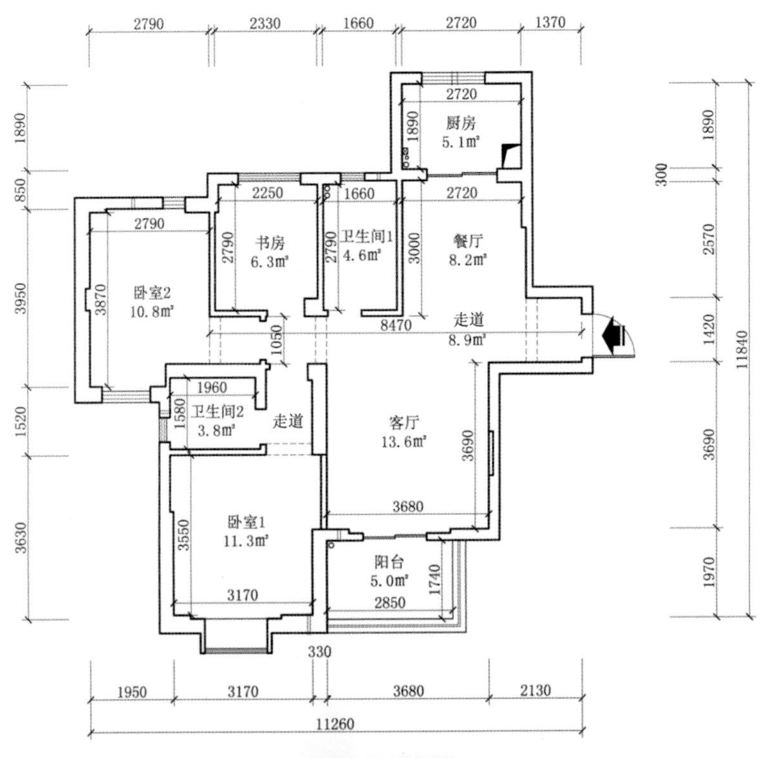

原始平面图

优缺点分析

优点：这套户型属于非常稀有的好户型，不到100m²的建筑面积里容纳下三间房和两个卫生间。另外，房屋的采光非常棒，尤其是南面的大阳台，不论是作为休闲区还是晾晒都是极好的。

缺点：单个功能空间还是略显狭小，毕竟总面积不大。

方案5.1 红黄蓝碰撞出家的格调

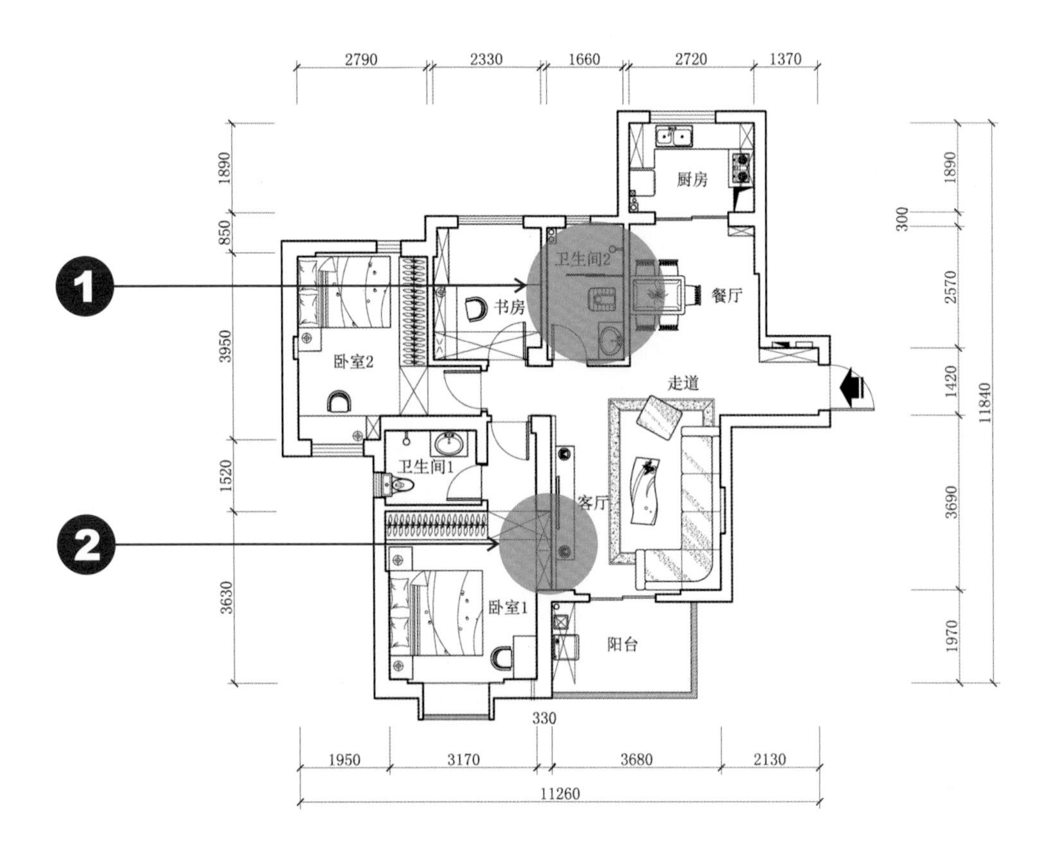

5.1 改造平面图

变身后的新形象诠释

❶ 将原卫生间2重新分配为卫生间1，作为居室的公共卫生间，安装钛镁合金推拉门，中间镶嵌5mm厚钢化玻璃，将卫生间作淋浴与盥洗区的干湿分区，以有效避免淋浴时的水溅到如厕区。

❷ 拆除卧室1与客厅间的隔墙，以100mm厚石膏板重新制作隔墙，沿隔墙向卧室1方向设置深度为330mm的装饰壁柜，充分利用空间，增加卧室收纳功能。

↑客厅与阳台间安装5mm厚透明钢化玻璃推拉门，既保证了室内的采光，又将客厅与阳台进行了分区

↑餐厅与客厅在空间上没有明显的分隔，是一个整体。将餐厅与客厅的墙面分别涂饰不同色彩图案的乳胶漆，可以在视觉上对这两个空间进行功能分区

↑色彩鲜明、简洁大气的图案，给人明快、轻松的感受，让人食欲倍增

↑儿童房中挂置一些搁板，摆放各种有趣的小工艺品或小玩具，能增添童趣，深受小朋友喜爱

↑在书房中设置一个榻榻米式的地台，工作之余可供休憩、会客之用，也可作临时的客床使用

↑床头挂置照片墙能彰显主人的品位。在摆放照片时要讲究整体的美观，尤其是摆放大小不同的照片时，要讲究画面的均衡，不能给人零乱的感觉

方案5.2 用地面高度差代替门来划分空间

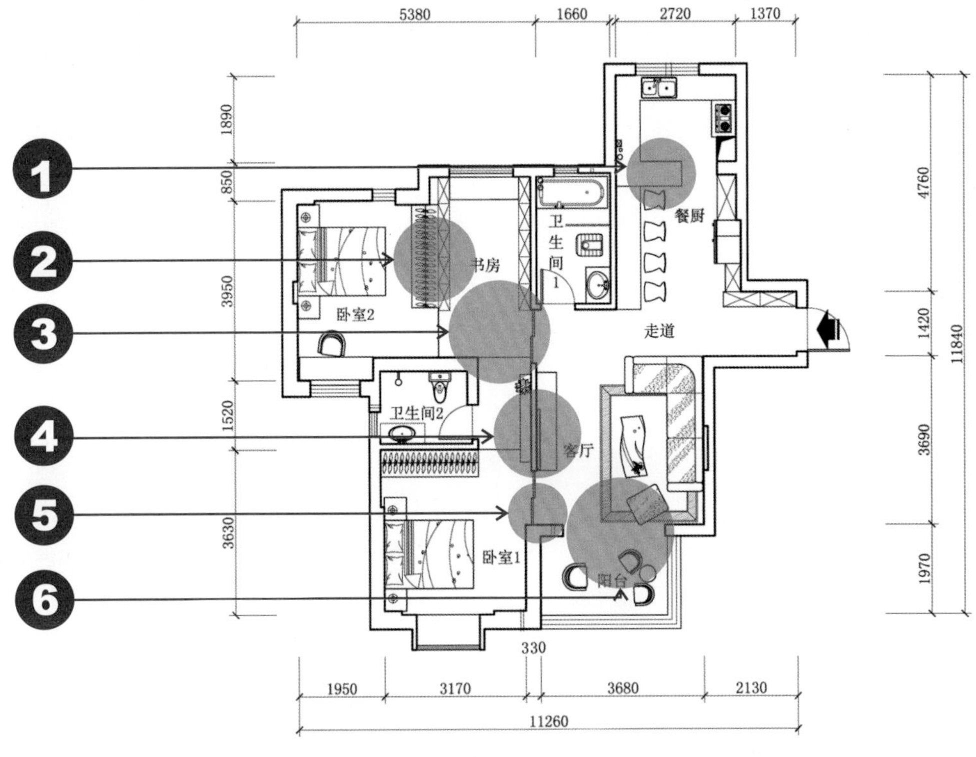

5.2 改造平面图

变身后的新形象诠释

❶ 拆除厨房与餐厅间的隔墙，仅保留与厨房烟道平齐的部分墙体。将厨房与餐厅合并，形成开放式餐厨，使日常用餐更方便，更符合现代生活习惯。

❷ 拆除书房与卧室2间的隔墙，以装饰书柜与衣柜取代原隔墙，分别向书房方向与卧室2方向开门，同时抬高卧室2地面高度，既对这两个功能空间进行了分区，又增加了空间的层次感。

❸ 拆除书房与走道间的隔墙，在卫生间1与书房隔墙的延长线位置设置钛镁合金推拉门，中间镶嵌5mm厚磨砂玻璃，将书房与卧室2形成一个既分隔，又相通的空间。

❹ 拆除客厅与靠近卫生间2走道间的隔墙，重新制作100mm厚石膏板隔墙，减少了原隔墙所占面积。

❺ 拆除客厅与卧室1间的隔墙，设置钛镁合金推拉门，中间镶嵌5mm厚磨砂玻璃，使客厅与卧室1互通，方便从卧室进入客厅及阳台。

❻ 拆除客厅与阳台间的墙体及推拉门，将阳台并入客厅中，增加居室的采光和空气流通，同时使客厅更开阔。

↑将阳台与客厅打通后，地面铺设同种800mm×800mm仿古砖，起到延伸扩大客厅空间的作用，在视觉上使客厅更开阔

↑欧式田园风格的装修在后期软装饰上必然少不了搭配欧式风格的配件，碎花图案的布艺沙发、精致的雕花台灯等，都是不错的选择

↑将阳台改造为一处休憩小地，舒服慵懒的吊篮、优雅闲适的座椅，窗外的美景，洒在身上的阳光，一切的一切，美好而娴静

↑砖墙图案的壁纸，仿佛是裸露在外不加修饰的泥土墙，给人自然淳朴的清新感。餐桌上部与下部的壁纸分别以颜色深浅加以区别，给人丰富的层次感

↑将实木地板作为墙面的装饰，体现出一种原生态、简洁自然的生活方式

↑用书柜代替隔墙，将原来的书房与卧室相连通，节省空间的同时，也更方便日常学习与休息

方案5.3 打造舒适开阔的主卧空间

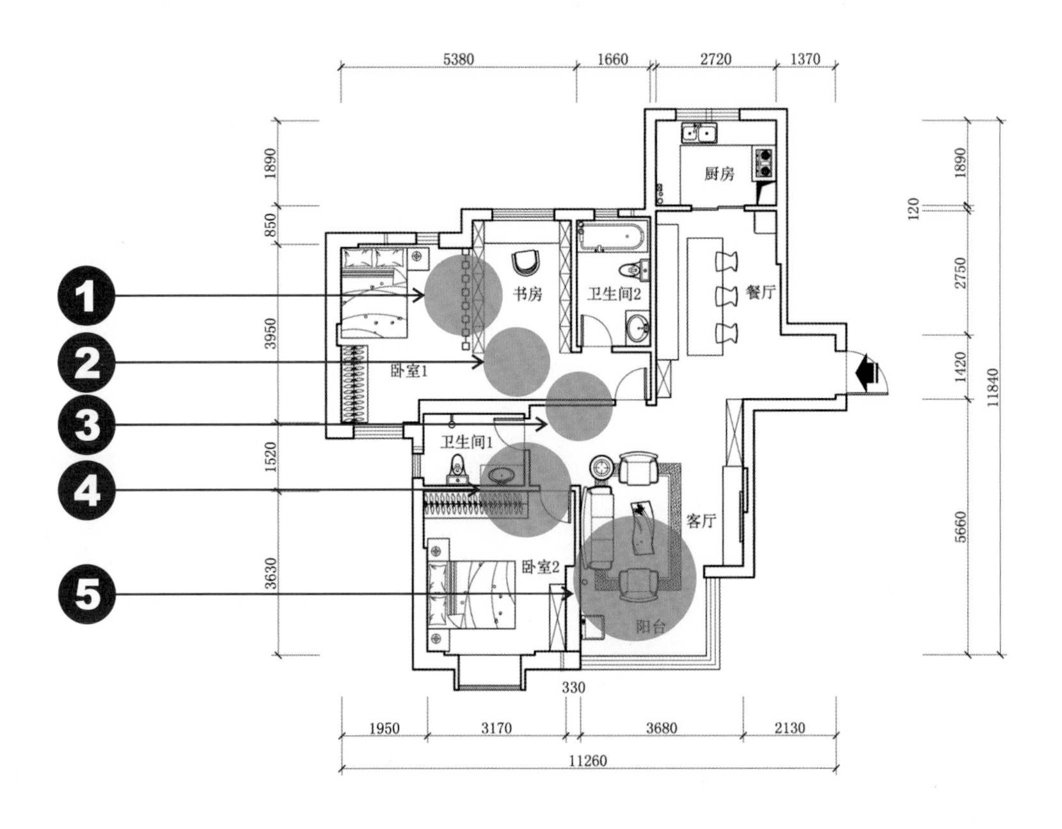

5.3 改造平面图

变身后的新形象诠释

❶ 拆除书房与原卧室2间的隔墙，将原卧室2重新分配为新的卧室1，靠书房方向设置书柜，靠卧室1方向设置装饰隔断。以家具代替墙体，将这两区域进行分隔。

❷ 拆除书房与走道间的隔墙及书房的开门，将书房与卧室1合并，形成一个整体的空间格局。

❸ 将原卫生间1与餐厅间的隔墙向客厅的延伸方向接着制作100mm厚石膏板隔墙，同时将原卫生间2与书房走道间的开门拆除，以100mm厚石膏板重新制作隔墙，作为围合卧室1的隔墙。将卫生间2、书房与卧室1合并为集卫生间、书房、卧室于一体的多功能起居室。

❹ 拆除客厅与靠近原卫生间2走道间的隔墙，同时改变原卫生间2的开门位置，原卫生间2重新分配为卫生间1，作为居室的公共卫生间。

❺ 拆除客厅与阳台间的墙体及推拉门，将阳台并入客厅中，增加居室的采光和空气流通，同时使客厅更开阔。

↑在家居装修中，无论是何种风格，都必须要有一个统一、和谐的基调。我们在后期软装配饰时，选购的家具、饰品也不能破坏这个整体色调

↑客厅中墙面的乳胶漆、壁纸以及地面的玻化砖都是选用的米色，客厅内的茶几、装饰柜等家具以及地毯均为在色相中与米色同属黄色系的棕色

↑可以在餐桌正上方悬挂一组一字排开的吊灯，不仅具有时尚美感，更能满足进餐时的照度需求

↑将房间中的飘窗改造成储物抽屉，里面放些小物件，窗台上面再放几个抱枕，倚窗而坐，让窗外的景物映入眼帘，细细品味这美好的时光。

↑在墙上设计照片墙，可以给墙面增添靓丽的风景，也承载了家人的回忆与情感

↑对于藏书丰富的家庭来说，一个容量够大的书柜是不可或缺的。书桌两侧都是书柜，便于随手查阅书籍

案例 6 老房子的前世今生

百变造型，挑战你的想象空间

户型档案

这是一套建筑面积约为70m²的两居室，含卧室两间，客厅、餐厅、厨房、卫生间各一间，朝东面大阳台一处，另邻近厨房有小阳台一处。

主人寄语

这是一套房龄约为20年的两居室，布局比较中规中矩。当初看上它时，不仅因为地段、价格相对来说比较合算，最主要的原因是，觉得它的公摊面积不大，实际利用率很高，不过，这应该也与它的房龄有关吧。我们家平时就三个人居住，两个大人加一个上中学的孩子，希望设计师能给我们多提供几套设计方案供我们斟酌、挑选。

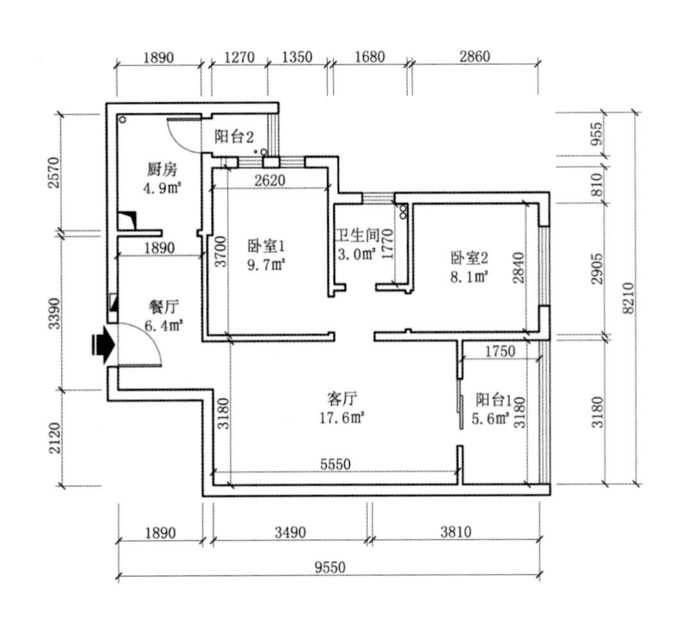

原始平面图

优缺点分析

优点： 这套户型属于典型的传统布局方式，从入门开始，依次是餐厅、客厅、卧室等，井然有序，两间卧室分别位于卫生间两侧，呈一字形排列，整个户型的空间浪费率非常小。

缺点： 两间卧室的室内面积分别只有9.7m²和8.1m²，尤其是作为主卧室，不到10m²的面积确实太过狭小。

方案6.1 精打细算，让每一寸空间得以充分利用

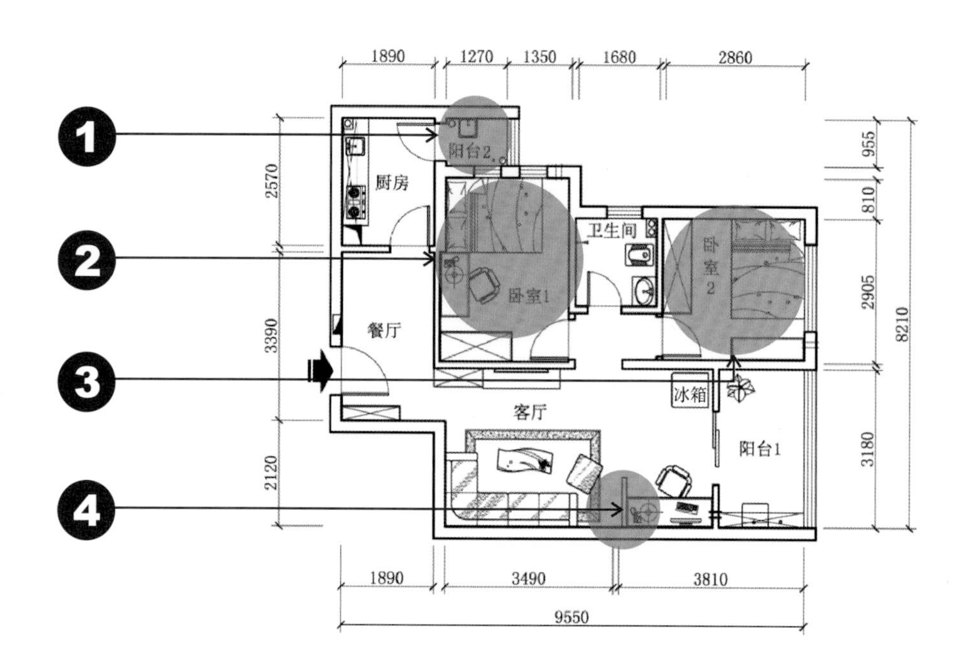

6.1 改造平面图

变身后的新形象诠释

❶ 将洗衣机放置在邻近厨房的小阳台2上，避免了将洗衣机放置在卫生间而带来的拥挤，同时也使原本显得鸡肋的小阳台2得到合理利用。

❷ 将两间卧室中相对稍大一点的卧室1设置为主卧室，将床靠墙放置，这样可有效节省空间。

❸ 将两间卧室中相对稍小一点的卧室2设置为儿童房，在儿童房中设置衣柜及书桌，合理利用每一寸空间。

❹ 以长为1000mm，高为2500mm，厚度为100mm的胡桃木隔断，在客厅中分隔出部分空间来安放书桌椅，为居室中增加一处书房的功能区域，在不影响客厅使用的同时，增加了空间使用功能。

↑美式风格沙发以其体量庞大、实用性强的特点征服了众多的消费者。胡桃木与亚光皮质的结合，完美地展现了沙发的天然质感

↑浅胡桃木构造隔断，在客厅的一隅打造出一个小而精的书房，供日常阅读、学习之用，弥补了居室中缺少书房的遗憾

↑没有太多的修饰与约束且富有历史气息是美式装修风格的灵魂所在。卧室中的家具、墙面装饰等，由具有原始气息的材质打造，有一种历史感

↑家居装修就像是创作一幅立体的画，要讲究画面的整体协调、均衡。为了使卧室的整个色调和谐统一，挑选的床上用品图案与色彩都与壁纸风格相近

↑深色的窗帘更有益于人的睡眠，而倘若仅使用单层深色窗帘，又会显得沉闷

↑在对面积不够宽裕的卧室进行装修时，应尽量简洁，不宜堆砌过多繁杂的装饰

方案6.2 有舍才有得，舍小得大

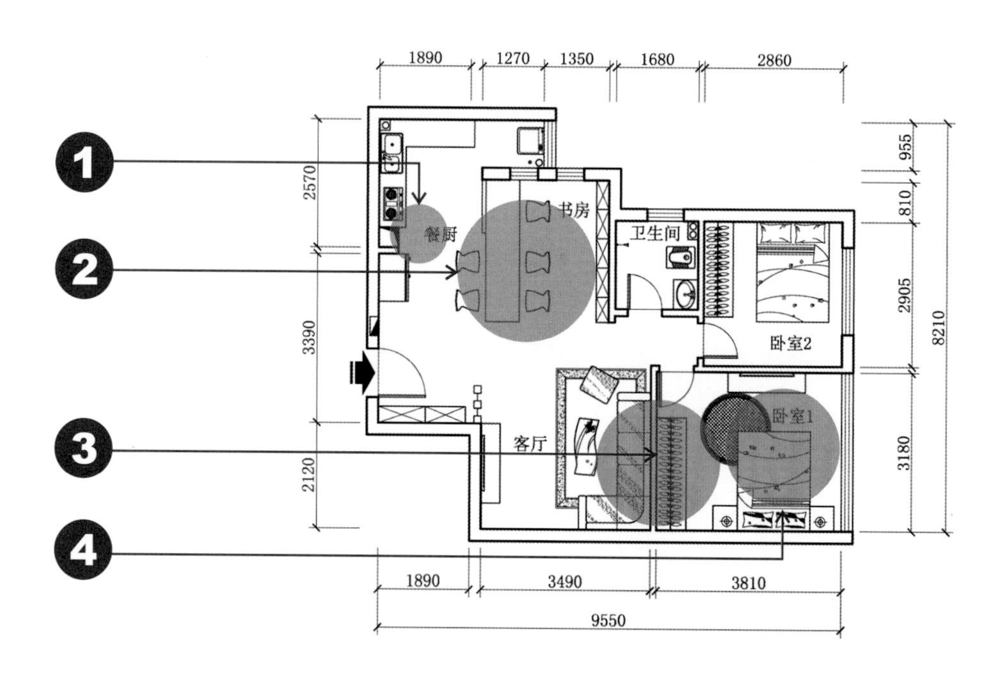

6.2 改造平面图

变身后的新形象诠释

❶ 拆除餐厅与厨房间的隔墙，同时拆除厨房与相邻原小阳台 2 间的隔门，将此处打造为开放一体式餐厨空间。

❷ 拆除原卧室1与厨房及餐厅间的隔墙，同时拆除原卧室1与客厅间的隔墙，将原卧室1重新分配为新的集餐厨、书房于一体的多功能空间。

❸ 在已拆除的原阳台 1 与客厅间的隔墙位置，向原客厅方向平移2060mm，重新制作100厚石膏板隔墙，作为新设置的卧室1与客厅间的分隔墙体。

❹ 拆除原客厅与原阳台 1 间的隔墙及推拉门，将原阳台 1 并入室内，增大了室内的使用空间。相对于少一个阳台的遗憾而言，大大提高室内使用面积显得更实际。对于小户型来说，空间如何得以最大化、最实用化利用，是非常重要的。

↑将客厅与厨房、餐厅这三个原本独立的功能空间合并后，为了在视觉上将这三个空间进行有效区分，可以用顶棚不同造型的吊灯来加以区别

↑在墙面镶嵌玻璃镜面造型，玻璃镜的反射效果对空间有放大作用，这种装修手法非常适合在小户型中使用

↑以小面积的胡桃木雕花屏风将厨房与餐厅进行分隔，将这两个功能空间在视觉上进行分隔的同时又彰显出居室主人高雅不俗的品位

↑以餐桌为界，在餐厅中分隔出部分区域作为一个简易的书房。既省去了单独设置书房所需要的空间，同时又能满足简单的工作、学习之用

↑简欧风格的家具讲究对称与和谐。卧室中的床、床头柜及衣柜，可以选择精雕细琢的复古雕花图案

↑在墙面上设置搁板是现代家居装修中最常用的手法，不仅增加了收纳功能，还能丰富空间层次

方案6.3 两房变三房的华丽转身

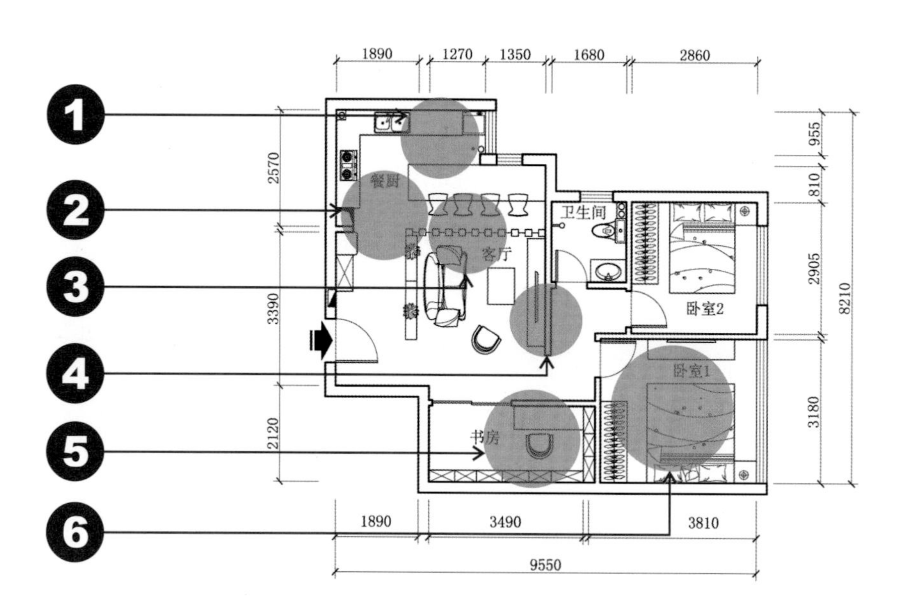

6.3 改造平面图

变身后的新形象诠释

❶ 拆除原厨房、原餐厅与原卧室1间的隔墙，同时拆除厨房相邻原小阳台2与原卧室1间的隔墙及窗户，将这些原本独立的空间打通。

❷ 拆除原餐厅与原厨房间的隔墙，同时拆除原厨房与相邻原小阳台2间的隔门，将此处打造为开放一体式餐厨空间。

❸ 拆除原卧室1与原客厅间的隔墙，将原卧室1重新分配为新的客厅区域，并且在新的客厅中以沙比利原木隔断分隔出客厅与新的餐厨空间。

❹ 拆除原卧室1中留作开门的墙体，在此处重新制作长度为1485mm，厚度为130mm厚墙体，作为新的客厅背景墙的墙面。

❺ 以100mm厚石膏墙分隔出新的书房区域，为居室增加了一个独立的书房。

❻ 拆除原阳台1与原客厅间的墙体及推拉门，同时在原客厅以北墙体的垂直方向，重新制作100mm厚石膏墙，围合成新的卧室1空间。

案例 6

←用沙比利原木制作的隔断造型，将客厅与厨房进行空间分隔。镂空的隔断在起到分隔作用的同时，也将两个空间在视觉上进行了“互借”，丰富居室的视觉效果

↑竖纹图案的壁纸有纵向拉伸的视觉效果，能使居室的层高增加，给人开阔感。同时黑白色的经典搭配，让墙面简洁中不失雅致

↑将原来邻近厨房的卧室中的一部分改造为餐厅，与厨房形成一体式餐厨空间。狭长的黑胡桃实木餐桌，彰显着主人的前卫与不俗的品位

↑床头的墙面因老化而有无法弥补的缺陷，会影响墙面最终的涂刷效果。于是对它进行“量体裁衣”，让裸露的墙体形成独具一格的床头背景墙

↑书房的地面选择柔软的羊毛地毯铺装，羊毛地毯抗静电、静音效果好，脚感舒适，比一般的木地板或地砖铺装更适宜，但是价格也相对更高

案例7 开启四居室的革新之旅

百变造型，挑战你的想象空间

户型档案

这是一套建筑面积约为130m²的四居室户型，含卧室四间、卫生间两间，客厅、餐厅、厨房各一间，朝南大阳台一处。

主人寄语

这是我们家买的第二套房，因为经济原因，第一套房是作为婚房的一套两居室小户型。随着孩子的出生，父母过来帮忙，也与我们同住，两间卧室刚刚够用。但是现在孩子大了，需要有独立的卧室，因此原来的两居室已经不能满足家庭生活所需。这套四居室的常住人口主要是我们一家五口人，我和我先生都是四十出头的中年人，父母也都六十多了，我们比较倾向于稳重、传统、文化气息浓郁一些的装修风格。因此，希望设计师在进行改造设计时，在风格上能符合我们的审美。

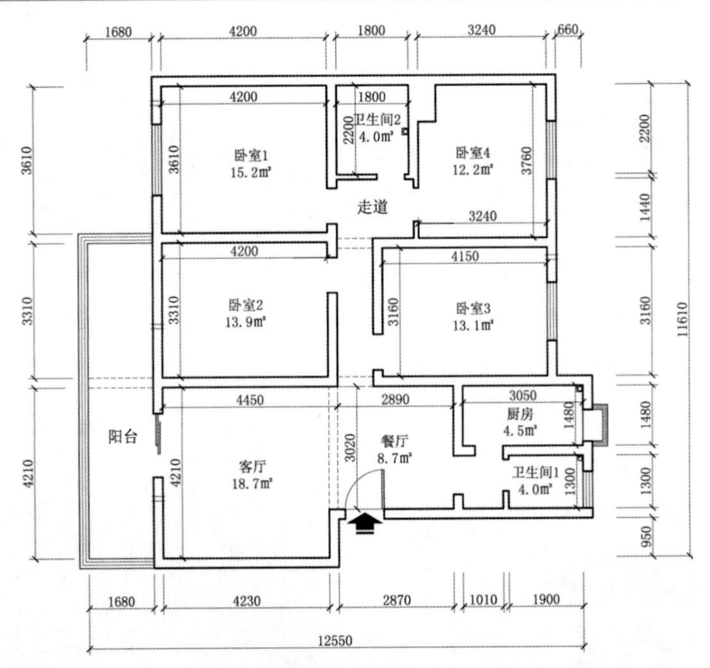

原始平面图

优缺点分析

优点：这套户型造型方正，各个功能空间分配紧凑，空间浪费较小。另外，作为卧室的卫生间被设置在两间卧室的中间，可供自由分配。

缺点：东西朝向的户型，并且南北两面没有任何开窗，这样使得居室内的采光通风不佳。

方案7.1 花朝月夕，超大阳台满足你的如诗如画生活

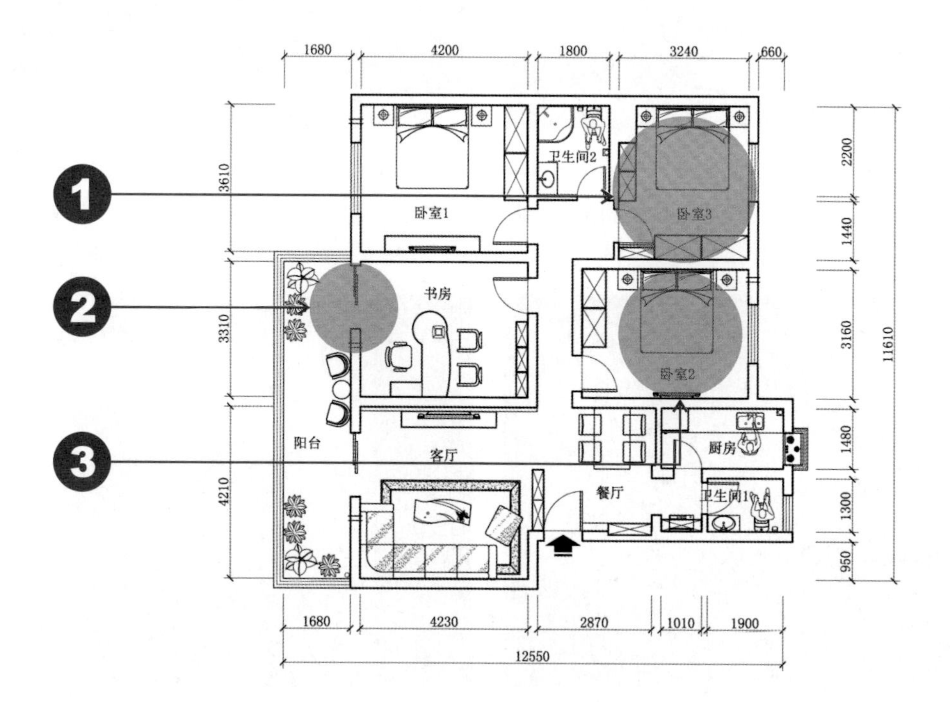

7.1 改造平面图

变身后的新形象诠释

❶ 将原卧室4重新分配为新的卧室3区域，作为儿童房，面积最小的房间足够满足一个孩子的起居需要。

❷ 原卧室2重新分配为新的书房区域。将原卧室2与阳台间的墙体拆除1550mm的长度，在此处设置厚度为40mm的实木推拉门，将书房与阳台打通，在学习疲惫时可步入阳台，舒缓劳累。同时，也解决了书房中没有窗户所带来的光线不足问题。

❸ 将原卧室3重新分配为新的卧室2区域，作为老人房，仅次于主卧室的面积适合室内活动不多的老人使用。

↑中式风格装修中的家具多以明清家具为主。客厅中的沙发采用外观与黄花梨木接近的樱桃木制作，精美的雕刻彰显出低调高雅的品位

↑客厅与餐厅间的镂窗，借鉴了中国园林借景中的互借手法，将客厅与餐厅完美融合，在视觉上有扩大空间的作用

↑餐桌上摆放的西式餐具，打破了传统装修风格中一成不变的呆板。传统中融入现代，成为现代中式风格的趋势

↑将阳台打造为家中的休憩胜地，郁郁葱葱的绿植不仅带给家人生机勃勃的气息，还能净化居室空气

↑倚墙而置的大面积书柜，其上部可以存放书籍，下部可用来收纳其他生活用品

↑卧室中的吊顶采用檀木雕刻图案加以装饰，与顶灯中的雕刻图案形成呼应，使卧室给人和谐的美感

方案7.2 小客厅换来大卧室，低调实用的选择

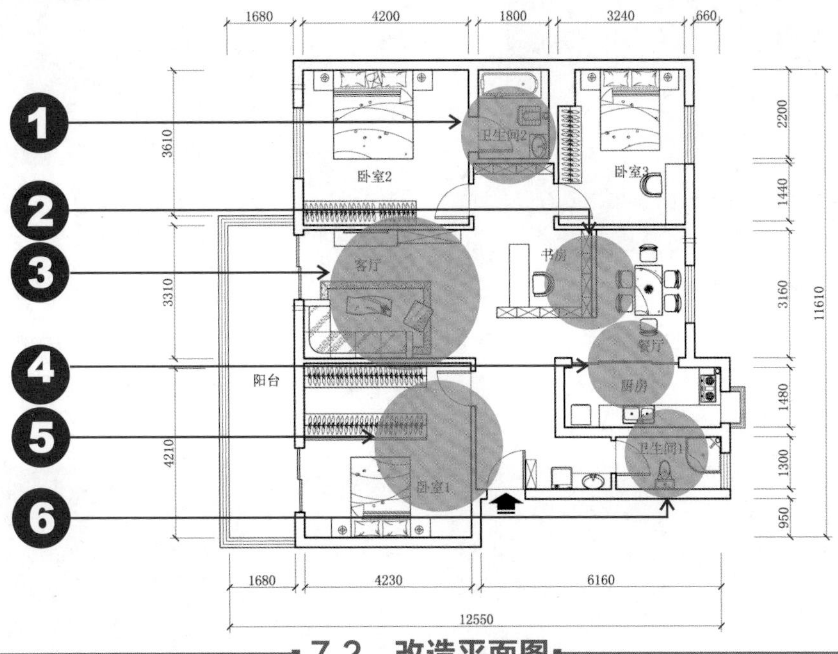

7.2 改造平面图

变身后的新形象诠释

❶ 以100mm厚石膏板隔墙封闭卫生间2原有的开门，同时拆除原卧室1与卫生间2间的部分隔墙，以供设置开门，将卫生间2并入卧室1。

❷ 拆除原卧室3与卫生间2走道间的隔墙，拆除原卧室3与原卧室4间的隔墙，以100mm厚石膏板重新制作隔墙。同时拆除原卧室3与原卧室2走道间的隔墙，以100mm厚石膏板制作隔墙，将原卧室3重新分配为新的餐厅与书房区域。

❸ 拆除原卧室2与原卧室1间的隔墙，拆除原卧室2与原客厅间的隔墙，均以100mm厚石膏板重新制作隔墙，减少墙体所占空间，增大使用面积。同时拆除原卧室2与走道间的隔墙，将原卧室2重新分配为新的客厅区域。

❹ 拆除原卧室3与厨房之间的部分隔墙，同时拆除厨房与原餐厅间的隔墙，在卫生间2与原卧室4间隔墙的延长线位置重新砌筑隔墙，增大厨房的使用面积。

❺ 在原客厅与餐厅间以100mm厚石膏板制作隔墙，并设置开门，将原客厅区域重新分配为新的卧室1区域，约20m^{2}的面积满足了打造卧室与更衣室二合一空间的需求。

❻ 以隔墙封闭厨房与卫生间1间留作开门的空间，改变厨房的开门方向。同时拆除卫生间1留作开门位置两侧的墙体，重新设置卫生间1的开门，扩大卫生间1的面积。

↑将其中一间卧室改造为新的客厅区域，紧凑合理的布置，足以满足家庭日常休闲、娱乐以及会客之需。适合客厅使用频率不高的家庭

↑作为客厅中仅次于电视机背景墙的视觉中心，沙发背景墙一般只需简单的装饰即可，否则容易喧宾夺主

↑浪漫唯美的欧式风格装修中，怎能少了精美的餐具及烛台的渲染，随时准备来一次浪漫的烛光晚餐

↑充满童趣的卡通玩偶，以及墙上的动物造型立体墙贴，都让儿童房显得烂漫温馨，深得小朋友的喜爱

↑在家居装修中，每一个独立的空间内都需要不同的光源来配合。卧室中除了顶面的吊灯，一般还会设置床头灯、落地灯及射灯来作为辅助

↑将原来的客厅改造为卧室，多余的空间足够设置两面超大的衣柜，成为家庭中衣物以及日常用品的主要储存地，为居室增添了更多的收纳空间

方案7.3 因需而设，人性化分配各个功能空间

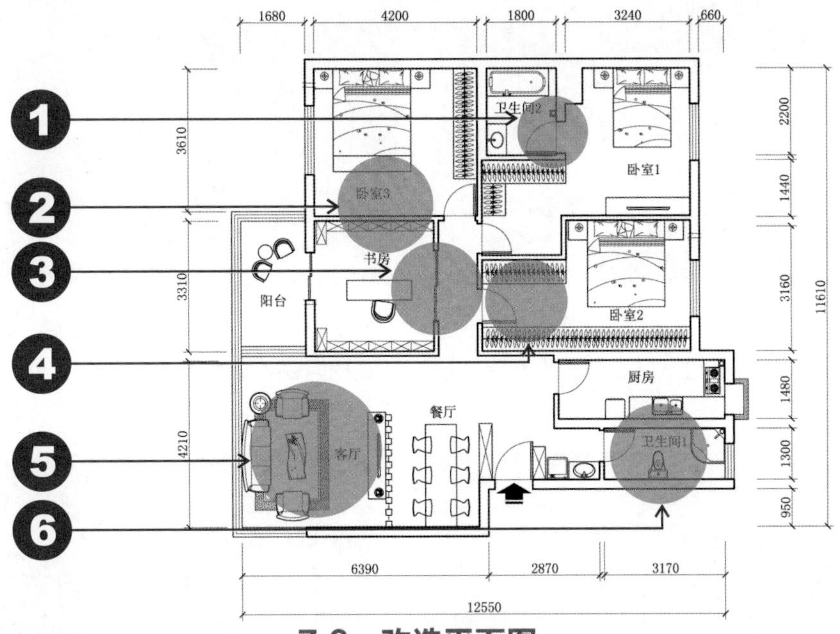

7.3 改造平面图

变身后的新形象诠释

❶ 拆除原卧室4与卫生间2的部分墙体，封闭卫生间2的开门，重新设置卫生间2的开门，将卫生间2并入原卧室4。同时拆除原卧室4的开门及两侧的墙体。将原卧室4重新分配为新的卧室1区域。

❷ 拆除原卧室2与原卧室1间的隔墙，以100mm厚石膏板制作隔墙，将原卧室1重新分配为新的卧室3区域。

❸ 拆除原卧室2与走道间的隔墙，以100mm厚石膏板制作隔墙，同时向内平移1100mm以100mm厚石膏板制作隔墙，将原卧室2重新分配为新的书房区域，拆除书房与阳台间的部分隔墙，并设置5mm厚钢化玻璃推拉门。

❹ 拆除原卧室3与原卧室2走道间的隔墙，拆除原卧室4与原卧室3间的墙体，以100mm厚石膏板制作隔墙，至与原卧室4与卫生间2隔墙的延长线相交点处，并且在垂直方向继续以100mm厚石膏板制作长度为1000mm隔墙。将原卧室3重新分配为新的卧室2区域。

❺ 拆除客厅与阳台间的隔墙，将阳台的一部分空间并入客厅，以增大客厅使用面积。

❻ 拆除卫生间1的开门及门两侧的隔墙，封闭卫生间1与厨房间的开门。同时拆除卫生间1与餐厅间的隔墙，在原地以100mm厚石膏板制作隔墙，并设置新的卫生间1开门，以扩大卫生间1的使用空间。

↑客厅与餐厅间的胡桃木原木造型的隔断，既起到分隔客厅与餐厅的作用，又可作为客厅的电视机背景墙，一举两得

↑原本阳台中的一部分并入客厅后，解决了客厅面积不足的问题。白色窗帘的透光性正好弥补了客厅光线不足的缺陷

↑光线充足明亮的餐厅更能调动人的就餐情绪，因此在餐厅中一般需要多种光源同时配合，除了顶棚的吊灯外，墙面上的壁灯也能起到提供辅助光源的作用

↑长方形的大餐桌可以容纳更多的人同时进餐，相比传统的中式大圆桌，在容纳同样多人数时，个人的空间会更宽裕，用餐环境也更舒适

↑床头背景墙一般是作为卧室的视觉中心而存在的，挂置一张喜爱的明星照片，常常就能使心情愉悦不少

↑改造后的主卧室，增加了更多设置储物柜的空间，大面积的储物柜可以作为衣柜来收纳衣物

案例 8 书房的三种分配方式

不到100平方米，也能拥有舒适的三房两卫

户型档案

这是一套建筑面积约为90m²的三居室户型，含卧室三间、卫生间两间，客厅、餐厅、厨房各一间，朝北面的阳台一处。

主人寄语

第一次在售楼处看到这个房子的户型图时，我就纳闷了：怎么除了卫生间与厨房，其他部分都没有用隔墙分隔呢？分不清哪是哪了！后来销售人员告诉我们，现在的房子都是这样的，为的就是让业主在装修时不受隔墙的限制，自由重新分配区域，省去拆墙的时间与经费。我们是个三口之家，有个上中学的孩子，就是来了客人也都是住附近酒店，因此两间卧室就足够了，另外一间房间准备作为书房使用，这样在家中能够有一个单独的供学习、工作的地方。

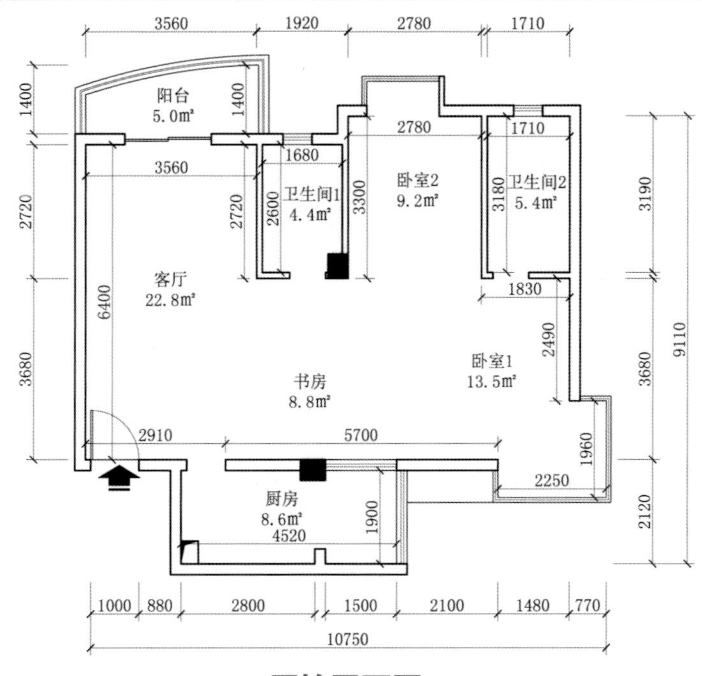

原始平面图

优缺点分析

优点：没有过多的内部隔墙，让装修更省时省力，也更能自由发挥。90平方米三室两厅两卫的超紧凑实用户型，真的是买到就是赚到。

缺点：将空间分割后，书房会属于一个完全闭塞的空间，最近的窗户会相邻厨房，采光通风均有欠缺。

方案8.1 简约不等于简单，打造个性时尚的现代简约风

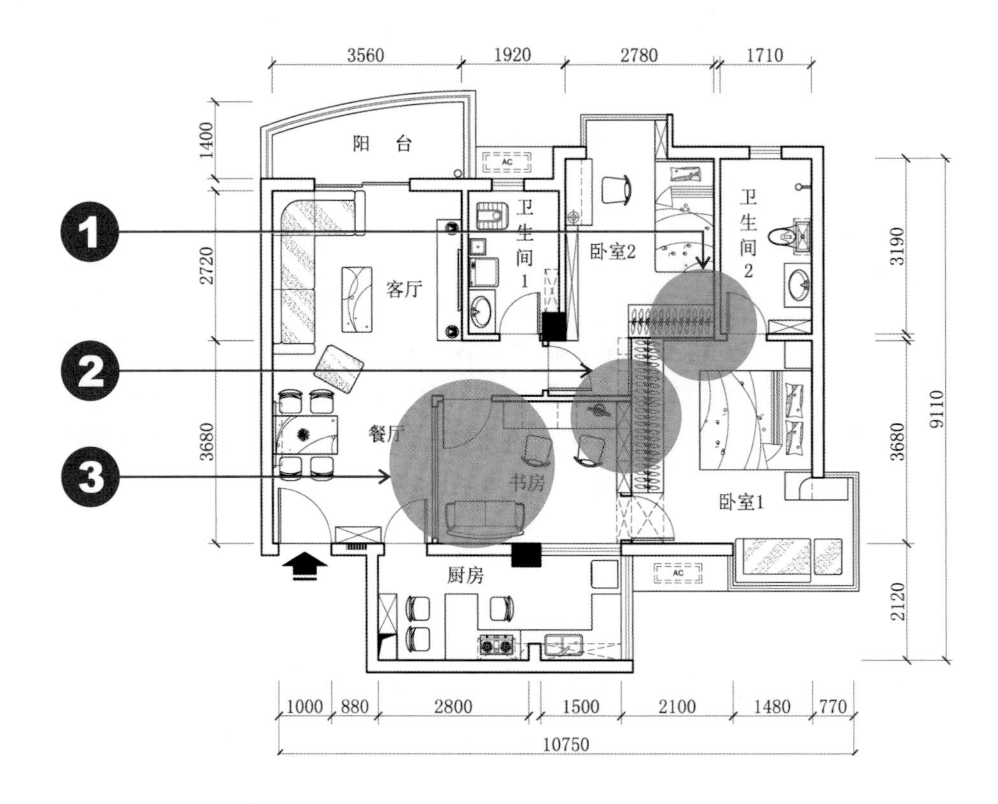

8.1 改造平面图

变身后的新形象诠释

❶ 在卫生间2开门一侧的墙体外侧向卧室2的延长线上，设置长为1600mm、厚为600mm的衣柜。接着在衣柜的垂直方向，向卧室1中设置厚度为600mm的衣柜，衣柜正好在卧室2衣柜与卧室1开门之间。将卫生间2并入卧室1中。用衣柜代替隔墙，这样在均具备分隔功能的同时，还能使空间得以最大化利用。

❷ 在卫生间1门边墙体的垂直方向制作100mm厚石膏板墙体，作为卧室2的开门一侧的墙体，另一侧同样制作100mm厚石膏板墙体。接着在墙体的垂直位置制作长为1550mm、厚为100mm的石膏墙体，作为分隔卧室2与书房的隔墙。新墙体可以将居室重新进行分区。

❸ 书房与餐厅间的隔墙两端制作100mm厚石膏板墙体至顶面外，其余部分上下各留200mm，制作100mm厚石膏板隔墙，中间镶嵌10mm厚钢化玻璃。这样既起到分隔空间的作用，同时玻璃的透光性又增加了空间的通透感。

↑这套户型中的客厅与餐厅没有作任何形式上的分区。在同一面墙上作不同的装饰处理，可将沙发背景墙与餐厅背景墙作功能分区

↑电视机背景墙中间钉制12mm厚木芯板造型，表面涂饰白色硝基漆。上下两部分均以600mm×600mm浅棕色仿古砖作墙面铺贴

↑入户大门旁的装饰柜，常常综合了鞋柜与收纳柜的功能，可以在装修时请木工按设计图样现场制作也可在后期进行软装饰时，去家具商场按尺寸购买

↑后期的软装饰在现代简约风格中起着非常重要的作用。客厅中不论是沙发背景墙上的装饰画，还是沙发上的抱枕，都为客厅增添了丰富的视觉美感

↑黑色聚酯漆涂饰的实木装饰书柜，造型简约时尚，比传统书柜更具个性美

↑越来越多的人选择以手绘墙作为房间中的墙面装饰，手绘墙给予墙面更丰富的内容与更独特的内涵

方案8.2 现代与传统的糅合，新中式风格的时尚演绎

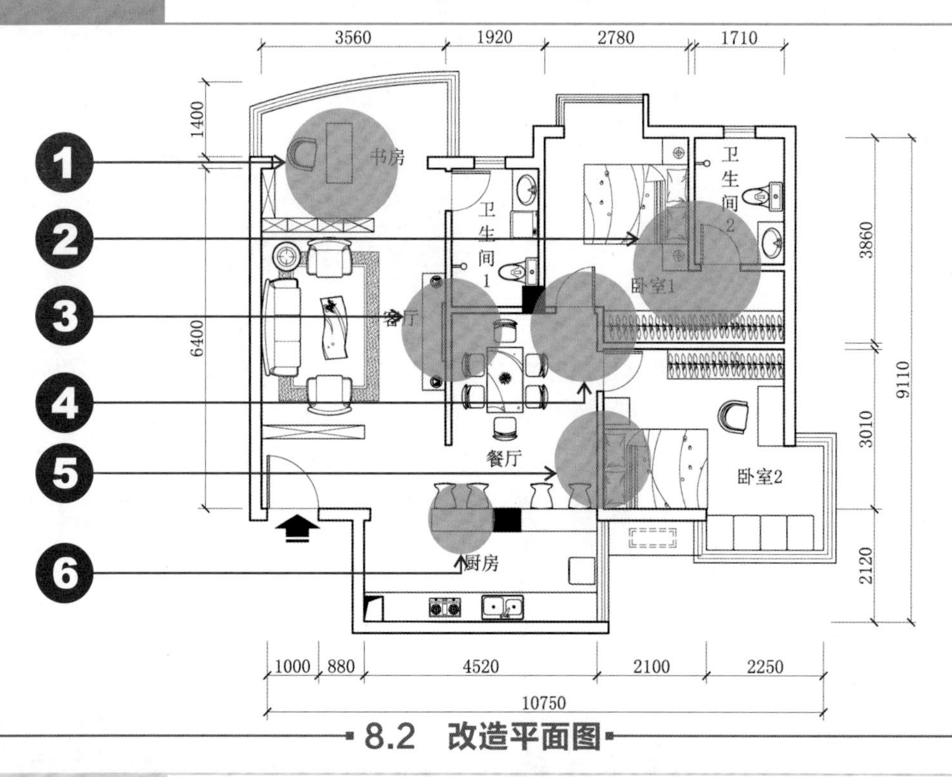

8.2 改造平面图

变身后的新形象诠释

❶ 拆除原阳台与客厅间的推拉门，将原阳台并入室内，并在此设置书房。

❷ 拆除卫生间2与原卧室1间的墙体。同时将卫生间2与原卧室2间的墙体保留2500mm的长度，拆除多余墙体，在保留墙体的垂直转角位置，制作100mm厚石膏板隔墙，并设置卫生间2的开门。

❸ 拆除客厅与卫生间1间的隔墙，以100mm厚石膏板重新制作隔墙，并将新制作隔墙向餐厅方向延伸2600mm。封闭卫生间1的原有开门，重新设置卫生间1的开门。

❹ 在卫生间1开门两侧墙体向原卧室2方向的延长线上，设置开门，多余部分以100mm厚石膏板制作隔墙。接着垂直向原卧室1方向继续砌筑长度为600mm的100mm厚石膏板隔墙，完成后继续以100mm厚石膏板隔墙分隔原卧室2与原卧室1。将原来的卧室2重新分配为卧室1，并将卫生间2并入卧室1中。

❺ 以100mm厚石膏板隔墙分隔餐厅与原卧室1，并将原卧室1重新分配为新的卧室2区域。

❻ 拆除厨房与原书房间墙柱两侧的墙体及开窗，在墙柱两侧设置与墙柱等宽的餐桌。在厨房与餐厅间设置一个简易餐桌，餐桌与厨房外墙间距离为1300mm，以便有充足的流通空间。

↑将阳台并入室内，以装饰柜代替墙体将客厅与书房进行分隔，虽然少了一个朝北的阳台，却大大增加了室内可使用面积

↑以沙比利饰面板的造型作为客厅的电视机背景墙，沙比利材质具有类似葡萄酒的色泽与细直的纹理，与以红色为基调的中式风格相得益彰

↑餐厅与厨房间的小吧台上放置着西式高脚酒杯以及中国传统的青花瓷盘、木筷将西式的餐饮形式和中式传统风格融为一体

↑餐厅墙面上的木质雕刻造型，为餐厅注入独特的魅力。但是制作这种造型对场地和工艺的要求较高，一般不选择现场制作

↑在卧室2东南朝向的窗外安装室外晾衣架，阳台就改造为一个光线充足的书房了

↑卧室中的床头背景墙，以中国山水墨画为元素，采用了现代装修材料中的石塑装饰板勾缝深色玻璃板

方案8.3 地中海风格，给你海天一色的浪漫家

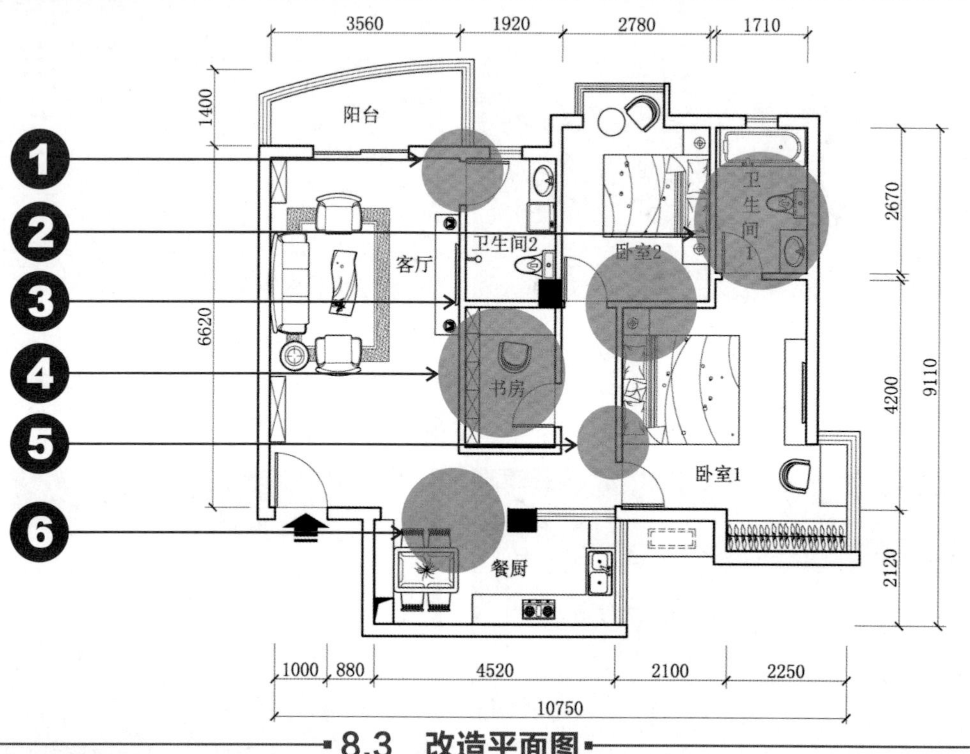

8.3 改造平面图

变身后的新形象诠释

❶ 拆除原卫生间1与客厅间的部分隔墙，同时封闭卫生间1的开门，重新设置开门位置。将原卫生间1重新分配为卫生间2。

❷ 拆除原卫生间2与卧室1间的隔墙，向原卫生间2方向平移800mm，以100mm厚石膏板重新制作隔墙，并设置新的开门。将原卫生间2重新分配为新的卫生间1区域，并入卧室1中，将作为次卫的卫生间的部分空间匀给卧室，在不影响卧室盥洗生活品质的前提下，让主卧室空间更宽裕。

❸ 在原卫生间1开门两侧墙体向卧室2方向的延长线上，设置卧室2的开门，多余部分以100mm厚石膏板制作隔墙。

❹ 在原卫生间1与卧室2间隔墙向厨房的延长线上，以100mm厚石膏板制作隔墙，墙的长度为2600mm，并在此墙上设置开门。同时在原卫生间1与客厅隔墙向厨房的延长线上，以100mm厚石膏板制作隔墙，使平行的两面墙长度相等，并将两面新制作墙体之间同样以100mm厚石膏板封闭，新围合的空间设置为居室的书房区域。

❺ 设置卧室1开门，其余部分制作100mm厚石膏板隔墙。

❻ 拆除原厨房开门及开门与原厨房墙柱间的墙体，打造开放式厨房，这样在时尚前卫的同时，也让餐桌周围的活动空间更自如。

↑白色村庄在碧海蓝天下闪闪发光，是地中海给世界的名片。蓝色与白色的交织是地中海风格家居装修的象征色

↑一体式餐厨空间，将厨房与餐厅的功能合并。缩短了进餐流程，让日常用餐更省时省力。这种装修风格成为越来越多现代时尚人的家居装修选择

↑以黄色调作为卧室的主色调，黄色调的暖色属性，让卧室给人柔和、温馨的感觉，有助于人的休憩

↑餐厅中的推拉门柜，俨然成为家庭中一个重要的收纳地，其高度至墙顶的柜子，容量也至顶。推拉门比传统的开门更节省空间，且对餐桌使用影响更小

↑书房是用来阅读、学习的地方，需要给人宁静平和之感。因此，书房不宜色彩丰富，否则令人眼花缭乱，简洁、雅致的色彩与家具是书房装修的基本原则

↑拱门造型是地中海风格家居装修的又一个常用元素，具有透视感与延伸性，扩展空间面积

案例  小户型里的大享受

麻雀虽小，五脏俱全

户型档案

这是一套建筑面积约为90m²的三居室户型，含卧室三间、卫生间一间，客餐厅、厨房各一间，朝北面的阳台一处。

主人寄语

早就听说近些年房地产的火热程度，但是只有到自己真正买房时才真切感受到它的热度。建筑面积只有90m²左右的三房，这么紧凑实用的户型在现在算是很难见到了，也算是物有所值。这套房子平时就我们一家三口居住，但是现在孩子还小，是和我们睡一块的。父母偶尔会过来小住一段时间，所以在进行空间分配时，两间卧室或三间卧室都是可行的。

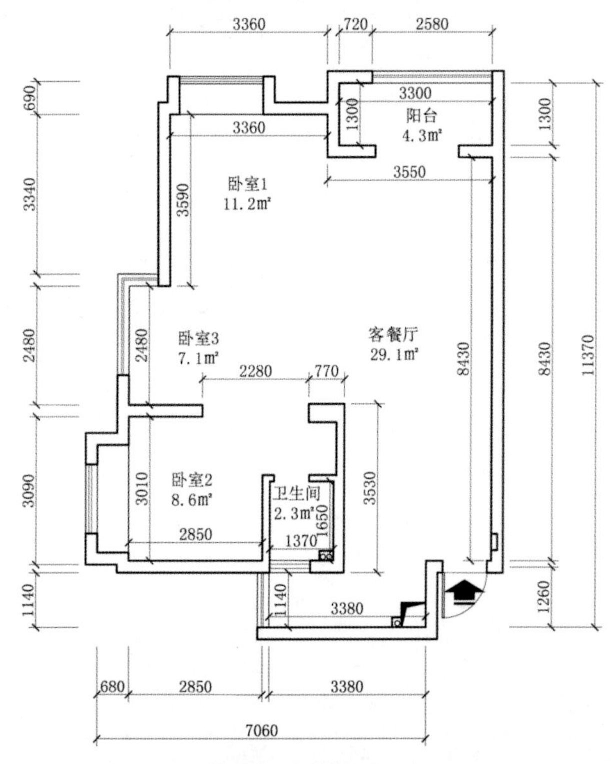

原始平面图

优缺点分析

优点： 户型公摊面积小，浪费空间少，紧凑实用。室内仅一面墙与隔壁住户是共用墙，其他三面均是独立墙。另外，充裕的采光与通风也为这套户型加分不少。

缺点： 朝北的阳台使家庭晾晒受到限制，反而显得有些鸡肋。

方案9.1 简约时尚的日式小清新

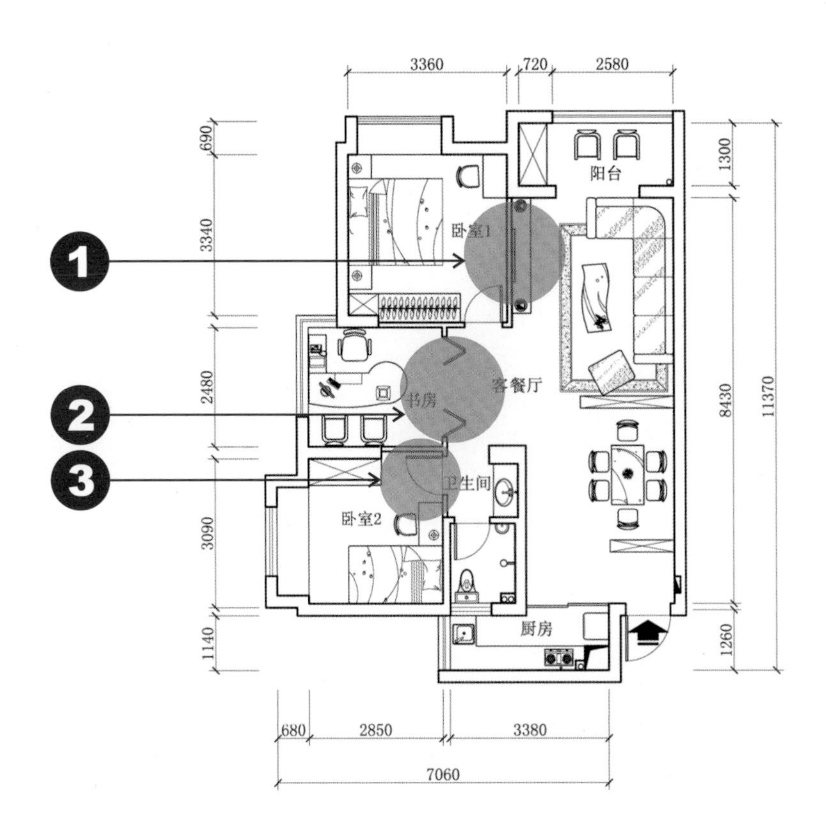

9.1 改造平面图

变身后的新形象诠释

❶ 在卧室1与阳台隔墙向客厅的延长线上，以100mm厚石膏板制作隔墙。同样以100mm厚石膏板制作卧室1与原卧室3间的隔墙，并设置卧室1的开门。

❷ 在原卧室3与客餐厅间以100mm厚石膏板制作隔墙，隔墙的位置与卧室2与卫生间的隔墙在同一水平线上，并设置木质折扇门。将原卧室3重新分配为新的书房区域。

❸ 在卧室2与卫生间隔墙向北的延长线上，以100mm厚石膏板制作隔墙，同时设置卧室2开门。同样以100mm厚石膏板制作卧室2与原卧室3间的部分隔墙。

↑朝北面的阳台无法满足家庭的晾晒需求，因此将晾晒区搬到有阳光直射的卧室的窗外，同时将阳台区域作为客厅的伸延区，成为家庭成员休闲娱乐之地

↑客厅的沙发背景墙采用木龙骨造型方框，外饰米色硝基漆，整个墙面的基色与沙发相呼应。而背景墙上装饰画边框的黑色与墙面基色形成强烈对比，突出视觉效果

→在日式风格家居装修中，家具多使用保留原始纹理与色泽的木材制作，没有过多华丽的修饰，表面仅涂饰一层起保护作用的清漆

→为了将客厅与餐厅这两个相连通的开阔空间进行功能划分，除了在客厅与餐厅间以装饰柜作为分隔外，还可以从顶面的灯具与地面的铺贴在视觉上进行有效分隔

↑日式家具中少不了低矮的装饰柜，这与日本传统崇尚禅意、追求古朴的生活习惯有着极大的关系。矮柜搭配榻榻米几乎是日式家居的标配

↑卧室的床头背景墙采用石膏板勾缝造型，铺贴订制图案的壁纸，将日式家居风格的简洁雅致突显得淋漓尽致

方案9.2 阳台变卧室的全新格局，改变的不止一点点

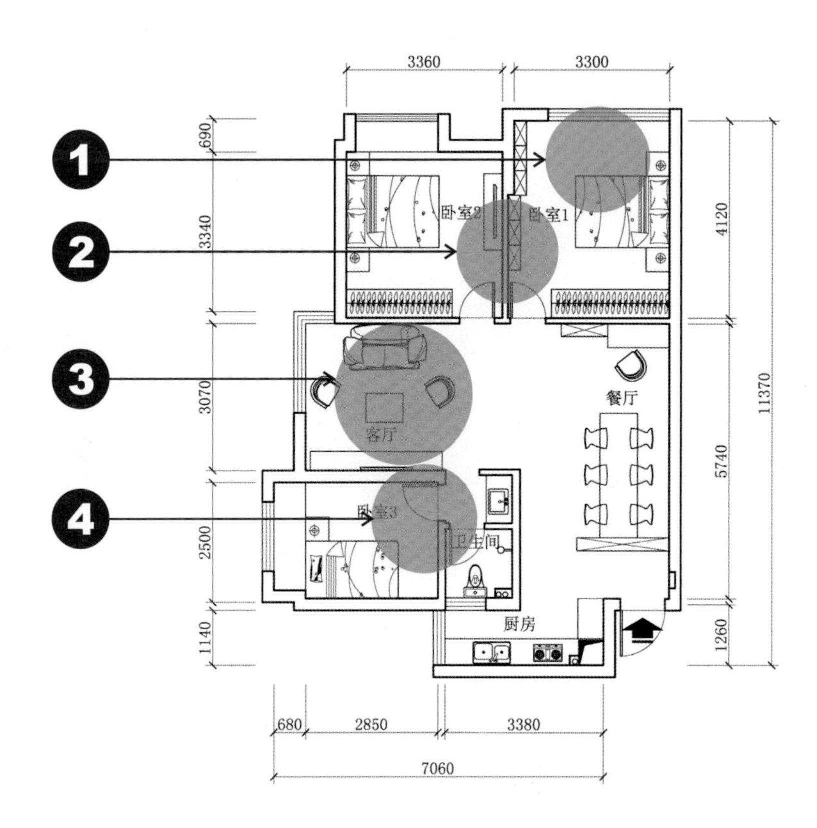

9.2改造平面图

变身后的新形象诠释

❶ 拆除原客餐厅与原阳台间的隔墙，将原阳台并入室内，重新分配为新的卧室1区域。同时以100mm厚石膏板制作卧室1与餐厅间的隔墙，隔墙的位置与卧室2开门旁墙体在同一水平线上，并设置卧室1的开门。

❷ 在原卧室1与原阳台隔墙向客厅的延长线上，以100mm厚石膏板制作隔墙。同样以100mm厚石膏板制作原卧室1与原卧室3间的隔墙，并设置开门。将原卧室1重新分配为新的卧室2区域。

❸ 将原卧室3重新分配为新的客厅区域。将居室的结构重新进行划分、调整。

❹ 在原卧室2与卫生间隔墙向北的延长线上，以100mm厚石膏板制作隔墙，同时设置开门。将原卧室2与原卧室3间的隔墙继续向东制作。将新围合的区域重新分配为新的卧室3区域。

↑将其中一间卧室改造为客厅区域后，原来“一”字形的客厅、餐厅布局，变为“L”形客厅、餐厅布局，使这两个功能区更独立的同时，也大大增加了居室的餐厅可用空间

↑客厅作为家庭的主要视听区，对光线的要求一般比较高。因此在有窗户的客厅中，要选择遮光性较好的窗帘，最好是双层窗帘

↑改造后的餐厅，面积比原来增大了三分之一，在摆放一张宽大的餐桌后，还有富余的空间用来设置一套书桌椅供家人使用

↑餐厅的照明是居室照明中的重要部分，在餐桌正上方以组合的灯具来提供照明，不仅更有助于用餐，同时也让餐桌成为整个餐厅的视觉中心点

↑造型独特，个性十足的装饰柜，能彰显出居室主人高雅不俗的生活品质。一般不建议让木工师傅现场制作装饰柜，可以去家居商场直接选购，但是注意要挑选与居室整体风格相一致的装饰柜

↑将乳胶漆涂饰与壁纸铺贴相结合，并且使用不同颜色的乳胶漆与不同图案的壁纸进行装饰，使卧室的床头背景墙层次丰富，内容饱满

方案9.3 独立大容量衣帽间，开启你的时尚之门

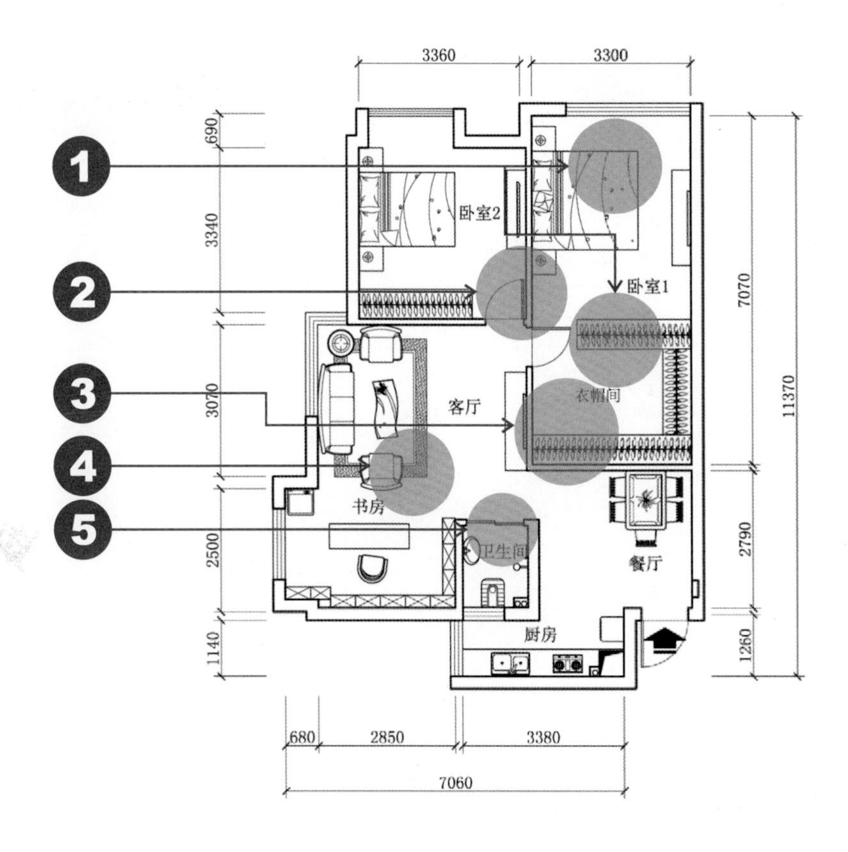

9.3 改造平面图

变身后的新形象诠释

❶ 拆除原客餐厅与原阳台间的隔墙，将原阳台并入室内，重新分配为新的卧室1区域。同时在卧室2开门旁墙体向卧室1方向延长线处设置深度为600mm、长度为2400mm的衣柜，用来分隔卧室1与衣帽间。

❷ 在原卧室1与原阳台隔墙向客厅的延长线上，以100mm厚石膏板制作隔墙。同样以100mm厚石膏板制作原卧室1与原卧室3间的隔墙，并设置开门。将原卧室1重新分配为新的卧室2区域。

❸ 以100mm厚石膏板制作衣帽间与客厅间的隔墙，设置开门，同时使隔墙与卫生间推拉门的垂直距离为1000mm。接着以100mm厚石膏板制作衣帽间与餐厅间的隔墙。将原客餐厅中的一部分重新分配为新的衣帽间区域。

❹ 拆除原卧室3与原卧室2间的隔墙，将原卧室3重新分配为新的客厅区域，将原卧室2重新分配为新的书房区域。

❺ 拆除卫生间部分墙体，将原来的单开门改造为推拉门。

↑客厅与书房这两个原本独立的空间被安排在一个相连的开放空间。以家具及地面对这两个区域进行分隔，既不影响各自的使用功能，又大大增加了居室的可用空间

↑改造后的客厅与餐厅不再是一个整体空间，而是作为两个有明确分区的独立功能区而存在。隐私性更好的客厅在满足家庭视听、休闲功能的同时，还能充当客房使用

↑将装饰瓷盘挂置在铺贴壁纸的墙面上，独特的视觉效果彰显出独特的艺术品位。同时，在用色上，餐厅墙上的装饰品与壁纸也形成了互补与统一

→客厅的电视柜在客厅中不仅起着装饰作用，其收纳功能更是不容忽视。因此，在挑选客厅电视柜时，应以其收纳功能作为最重要的因素

→对于一个爱好读书、收藏书的家庭来说，一个收纳能力强大的书柜是必不可缺的。选择分隔形式多样的书柜，可以将书籍分门别类地进行收纳，方便实用

→家里有一间这种独立的衣帽间，一个这样超大的衣柜，应该是所有女人梦寐以求的吧？你能想象这存在于不到100m²的居室中吗？此外，除了这间大型衣帽间外，还有两间卧室和书房吗？可见，设计改造可以使住宅面貌焕然一新

案例10 老房子里的新生活

家居改造也要与时俱进，突破创新

户型档案

这是一套建筑面积约为90m²的三居室户型，含卧室三间、卫生间一间，客餐厅、厨房各一间，朝北面的阳台一处。

主人寄语

这套房子是父亲在单位分到的福利房，我和父母在这套房子里住了二十余年了。房子是砖混结构的，房型也属于传统的老式三房两厅户型，对于只有90m²左右的建筑面积来说，能有这样的实际使用空间，在现在高公摊面积的房地产市场中简直是想都不敢想的。现在我们这个原本的三口之家变成五口之家了，我们准备将它重新进行改造装修，供我们这个大家庭居住。三间卧室全部保留，父母一间、我们年轻夫妻一间，还有一间作为儿童房。希望经过改造后，能让这套老房子焕发出新的活力。

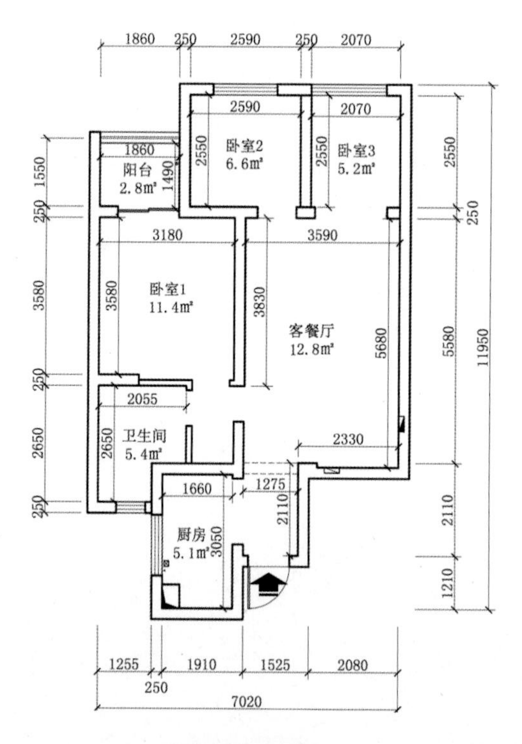

原始平面图

优缺点分析

优点：房屋公摊面积小，浪费空间少，紧凑实用。

缺点：老式房屋中250mm厚的内隔墙，造成过多的空间浪费。

方案10.1 挖掘室内隔墙的可利用价值，变废为宝

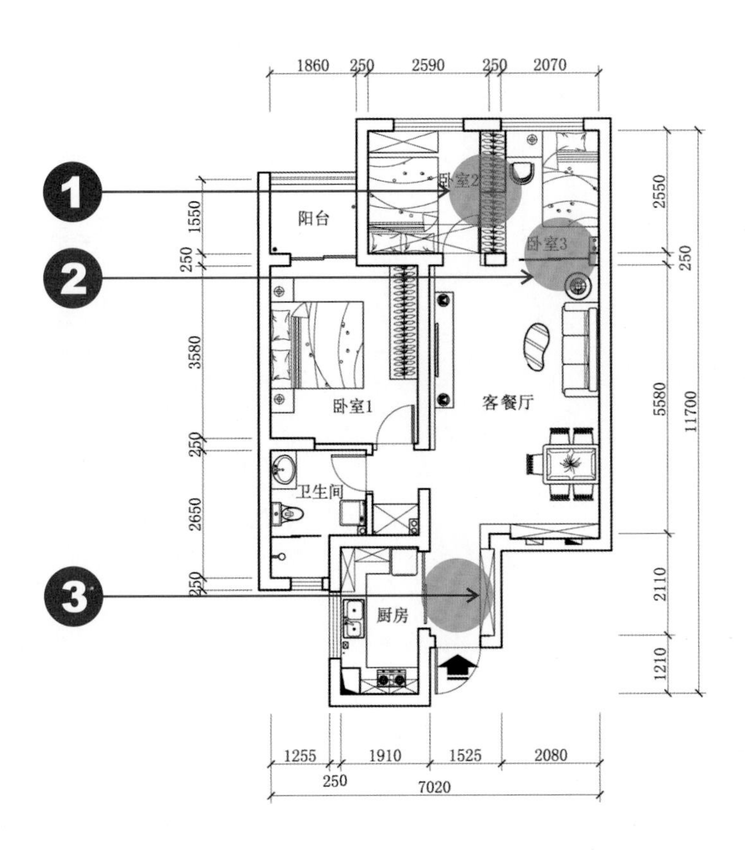

10.1 改造平面图

变身后的新形象诠释

❶ 拆除卧室2与卧室3间的隔墙，设置衣柜代替隔墙，分别向卧室2与卧室3两面开门，这同时满足了两间卧室的收纳需求。

❷ 在卧室3与客餐厅间设置20mm厚实木框架镶透明玻璃推拉门，节省了传统开门中隔墙所占用的空间，增加了卧室的可用面积。

❸ 将入户大门一侧的墙体拆除100mm的厚度，设置长度为1800mm、深度为300mm的装饰柜作为入户鞋柜。这样在有效利用墙体空间的同时，为居室增添了收纳功能。

↑儿童房以推拉门取代传统单开式房门，推拉门采用中式雕花边框镶嵌5mm厚钢化玻璃，对于隐私要求不高的儿童房来说，玻璃的透明属性所带来的空间开阔感更实用

↑电视机背景墙上的立体墙贴与墙面铺贴的壁纸属同一色系范围。同时，平面的壁纸与立体的墙贴相搭配，使背景墙展现出既和谐又层次丰富的视觉效果

↑灯光在家居装饰中起着至关重要的作用，并且在每一个局部区域中，都需要有至少三到五个不同的光源来满足光照需求，以丰富空间的光线层次

↑餐厅与客厅在空间上没有明确的分区，用深色的胡桃木造型作为餐厅背景墙，与同一墙面的客厅沙发背景墙加以明确区分，在视觉上达到分区的效果

↑主卧室中的床头背景墙造型与床头柜均采用柚木材质制作。在装修时，可以要求木工就地制作，也可以将不好搬运的或造型简单的部分交给木工现场制作，而对于工艺烦琐的部分可以去家居市场选购。选购时要注意与木工现场制作造型的材质、颜色保持一致

↑在现代家居装修中，越来越多的人选择混搭风格，其可以将家庭成员喜欢的不同风格糅合在一起。但要注意的是，在混搭风格装修中，要保持某一局部空间风格的统一，切忌不能使一个原本不大的局部空间因掺杂了多种不同风格而显得凌乱不堪

方案10.2 卧室与客厅格局的重新分配

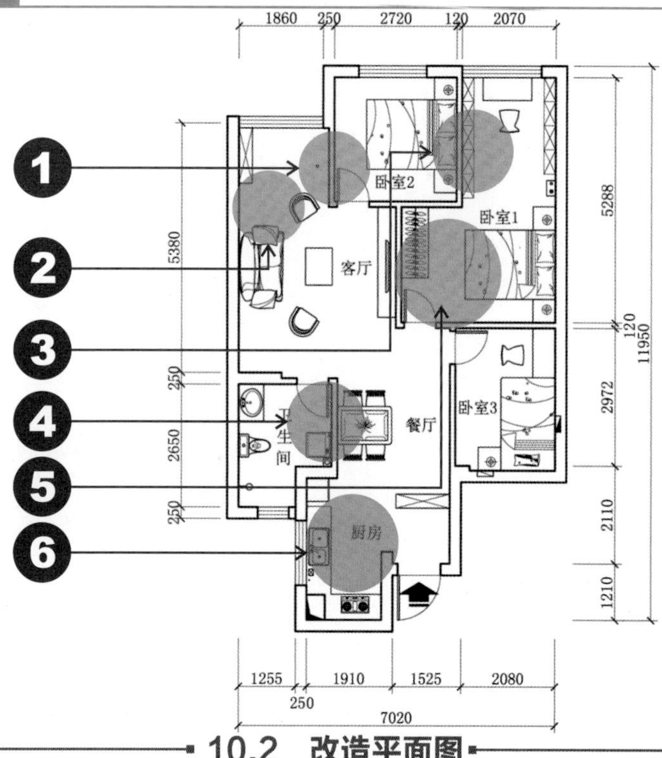

10.2 改造平面图

变身后的新形象诠释

❶ 拆除原阳台与卧室2间的部分隔墙，将原来250mm厚的墙体改成120mm厚隔墙。同时将卧室2开门处的那面隔墙也改成120mm厚隔墙，并改变开门位置。将老式房屋内部的厚墙体改造成薄隔墙，大大节省了墙体所带来的空间浪费。

❷ 拆除原阳台与原卧室1间的墙体及推拉门，将原阳台并入室内。原卧室1重新分配为新的客厅区域。将这个不实用的原朝北小阳台改造为室内空间，加强其实用性。

❸ 将原卧室3与卧室2间250mm厚的墙体改成120mm厚的隔墙，同时拆除原卧室3与原客餐厅间的墙体。

❹ 将卫生间与餐厅间的隔墙改为厚度为120mm厚的隔墙，同时封闭原开门处。拆除卫生间与原卧室1间的部分隔墙，在此面墙上设置新的开门。

❺ 将原卧室1与原客餐厅间的隔墙改成长度为2600mm、厚度为120mm厚的隔墙。同时在新隔墙向原客餐厅的垂直处设置厚度为120mm厚的隔墙及开门。将围合成的新空间重新分配为新的卧室1区域，作为居室中的主卧室。

❻ 拆除厨房与卫生间以及卫生间与原客餐厅间的隔墙，将厨房与原客餐厅打通，形成开放式餐厨空间。

↑将阳台并入室内，原来的卧室空间变大了，也能满足将卧室与客厅进行重新功能分配的需求

↑在室内装修的后期配饰中，要遵循奇数法则。客厅中沙发背景墙上挂置的瓷盘装饰造型，沙发上的抱枕数量都是奇数。奇数是完美视觉效应的不二法则

↑将厨房与餐厅间的墙体拆除后，厨房与餐厅形成一个开敞式空间，这样在增加室内空间使用面积的同时也使日常进餐更方便、舒适

↑客厅作为家庭视听、休闲及会客的主要区域，需要依靠多种不同照度、不同大小及不同类别的灯具来营造丰富的光线层次

↑将主卧室打造成为一个集卧室与书房于一体的多功能空间，这样工作学习不用担心影响到其他的家庭成员，同时也节省了空间

↑置于窗前的书桌，让业主在工作学习时可以看看窗外的风景，以缓解长时间用眼用脑所带来的疲惫感

方案10.3 老房子里打造出的摩登新居

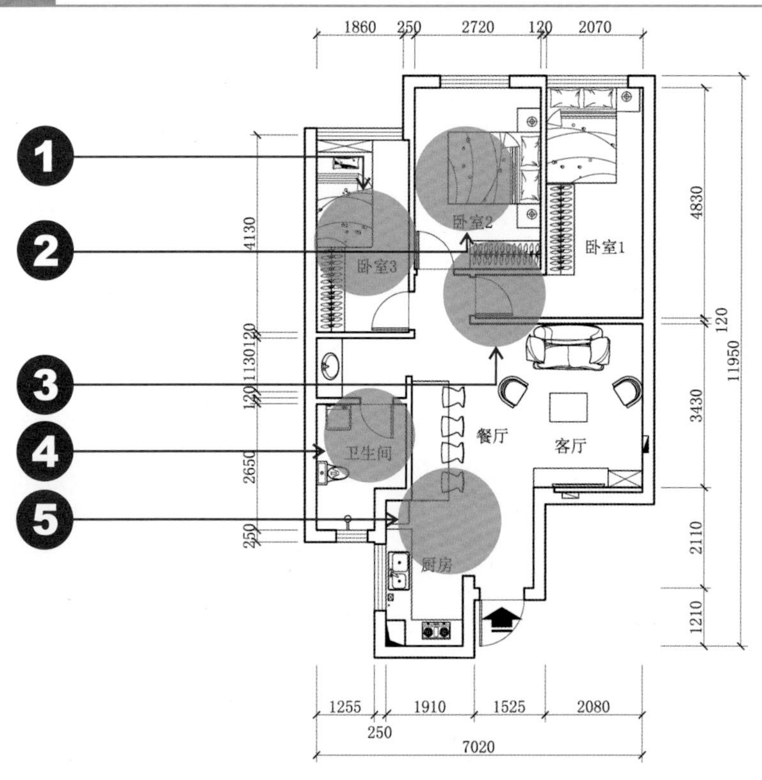

10.3 改造平面图

变身后的新形象诠释

❶ 拆除原阳台与原卧室1间的隔墙及推拉门，将原阳台并入室内。从原阳台窗户垂直向下4100mm处，与原阳台窗户平行制作厚度为120mm厚隔墙。拆除原阳台与卧室2间的部分墙体，将原来250mm厚的墙体改成120mm厚隔墙，将隔墙向原卧室1方向延伸并设置开门，以围合成新的卧室3区域。

❷ 拆除卧室2与原卧室1及客厅间的墙体，在新设置的卧室3与卫生间的隔墙向卧室2垂直方向1200mm处，制作120mm厚隔墙，并设置开门。同时拆除卧室2与原卧室3间的墙体，制作120mm厚隔墙，以使新围合成的卧室2的面积得以扩大。

❸ 在新设置的卧室2开门的那面墙体向原客厅方向垂直900mm处，制作120mm厚隔墙，并使墙体与新设置的卧室3开门的间距为1200mm，同时设置开门，围合成新的卧室1区域。

❹ 拆除卫生间与原卧室1间的部分墙体，以120mm厚墙体作为分隔墙，同时封闭卫生间的原开门，重新设置卫生间的开门。

❺ 拆除卫生间与客厅、卫生间与厨房间的隔墙，将厨房与餐厅打通，形成开放式餐厨空间。

↑通过顶面的灯具、地面铺装的材质、墙面装饰以及设置镂空屏风，将客厅、餐厅、厨房及入户门厅这几个相连通的空间在视觉上进行了有效的功能分区

↑客厅的一面墙上铺贴黑底白字的壁纸，另一面墙上则铺贴简洁素雅的条纹图案壁纸，用简洁点缀丰富，以繁杂衬托素雅，一动一静，相得益彰

↑在墙面钉制造型简单的木质搁板，是现代家居装修中使用最广泛的装饰手法，既能增添居室的装饰效果，又使墙面空间得以有效利用

↑厨房的顶棚没有做任何吊顶，墙面也没有贴砖，只是简单地以白色乳胶漆涂饰。而厨房中的橱柜以及各种电器、灯具、厨具等，却又都蕴含着时尚现代的气息，与古朴的墙、顶面形成强烈对比

↑将墙体表面部分铲除，在露出的砖块上薄薄地涂饰一层浅黄色乳胶漆，使砖块的形状裸露在外，给人沧桑感。而餐桌上的玻璃高脚器皿以及餐桌旁不锈钢材质的餐椅等，却又宣扬着现代时尚的气息

↑儿童房中的用色主要以黄色与白色相搭配，暖暖的黄色调与纯净的白色调相辅相成，渲染出一种天真、纯洁的美好氛围

案例  11 阳台与卫生间的纠结

同一个家的三种截然不同的完美改造方式

户型档案

这是一套紧凑三居室，建筑面积约为105m²，三室两厅，含卧室三间，客厅、餐厅、厨房各一间，卫生间两间，朝南面及朝北面的阳台各一处。

主人寄语

看房选房的过程真的是一言难尽，需要考虑的不仅是地段、每天上下班是否方便、孩子今后的教育及医疗是否便捷，还有房子的户型是否实用、分配是否合理等。千挑万选后，最后敲定了这套毛坯的三居室二手房，我们全家对它的满意度应该在百分之九十以上吧。接下来就把希望寄托在设计装修上了，希望经过设计师的锦上添花后，能展现给我们一个温馨满意的家！

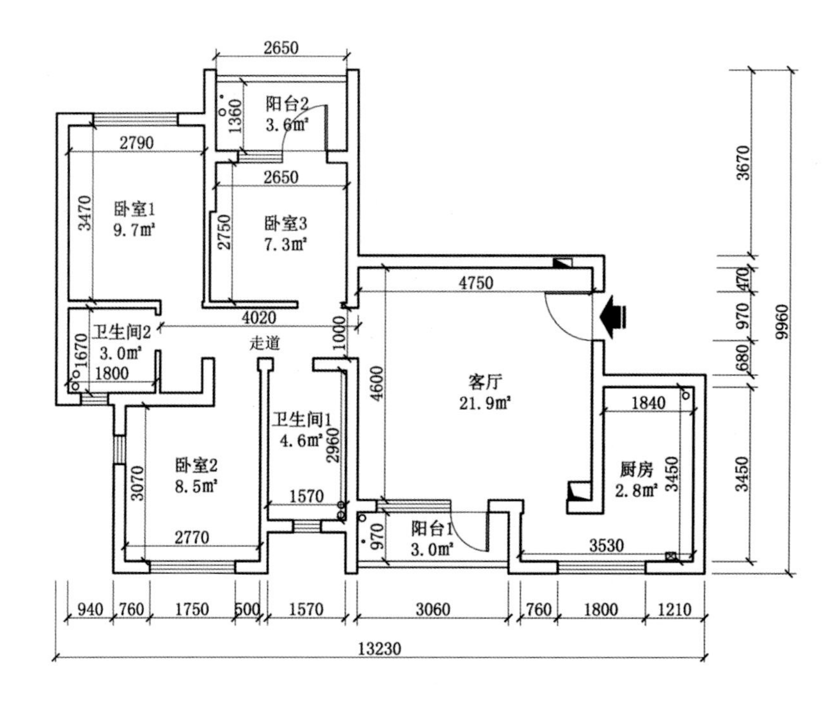

原始平面图

优缺点分析

优点： 100m²左右的三室两厅，还能有两间卫生间和朝南、朝北两个阳台，真的是中头奖的概率了！另外，房屋的采光也非常不错。

缺点： 三间卧室的面积均小于10m²，影响了卧室的舒适性与收纳功能。

方案11.1 南北阳台满足“前庭后院”传统中式家居梦想

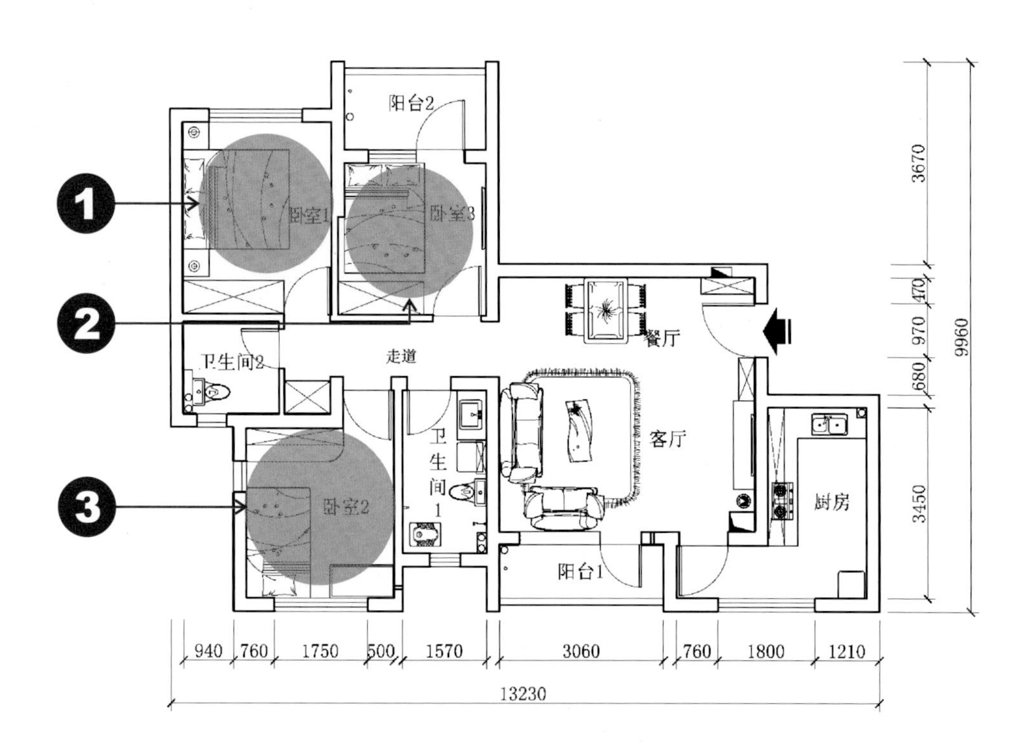

11.1 改造平面图

变身后的新形象诠释

❶ 将三间卧室中面积较大的卧室1设置为主卧室，满足主卧室的使用功能。

❷ 将带阳台的卧室3设置为老人房，在光线充足时，躺在椅子上看书读报，享受宁静悠闲的晚年时光。

❸ 将三间卧室中面积较小的卧室2设置为儿童房，为孩子提供独立安静的休息、学习场所。

↑中式风格的家具以明清家具为主。客厅中的沙发座椅造型以清代太师椅为原型打造，造型厚重庄严，放置于客厅中，给人沉稳、大气的感受

↑中式风格给人古朴的怀旧感，为了更加强调温馨感，客厅的地面、家具以及墙面材料均使用暖色调，配上传统图案造型的立体墙贴，更增添了古典韵味

↑餐厅与入户大门间用雕花实木隔断进行分隔，既能起到分隔空间的作用，雕花造型的古典韵味更突显了中式风格的气息

↑传统的中式风格中融入现代西式风格的餐具及装饰品，将古典与现代相融合，中式与西式相映衬

↑主卧室中的床头背景墙，采用中式风格的木质雕花造型边框，镶嵌中式古典水墨画，与床上的中式风格绣花枕头相得益彰

↑随着网络时代的推进，电视机在卧室中已经渐渐不再被需要。为了弥补这部分空缺，在墙面上作简单的装饰造型，使其不乏味

方案11.2 在洒满阳光的宽阔客厅中与家人共享天伦

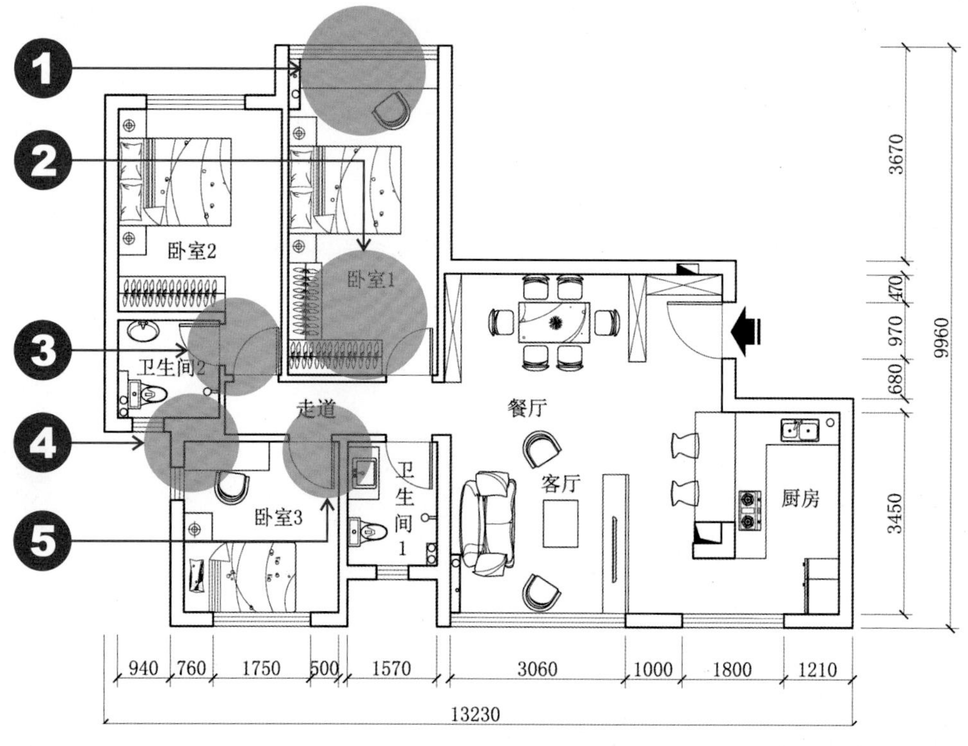

11.2 改造平面图

变身后的新形象诠释

❶ 拆除原阳台2的外隔墙，以5mm+9mm+5mm（即5mm厚双层玻璃，中间留9mm宽空隙）厚玻璃窗替代隔墙。同时拆除原阳台2与原卧室3间的隔墙及门窗。

❷ 拆除原卧室3与走道间的隔墙及开门，向走道方向延伸1000mm，以100mm厚石膏板重新制作隔墙，并设置新的开门。同时拆除原卧室3与原客厅间的隔墙，以100mm厚石膏板重新制作隔墙。将新围合的房间作为新的卧室1区域，成为居室中的主卧室。

❸ 拆除原卧室1的开门及门边墙体，在新设置的主卧卧室1开门墙体的水平线上，设置新的开门，将卫生间2并入卧室2，原卧室1重新分配为新的卧室2区域，成为居室中的老人卧室。

❹ 拆除原卧室2与走道间的隔墙，以100mm厚石膏板重新制作隔墙，使之与卫生间1新隔墙在同一水平线上，同时设置卧室开门。将新围合的房间作为新的卧室3区域，成为居室中的儿童房。

❺ 拆除卫生间1与走道间的隔墙以及原卧室2与卫生间1间的部分隔墙，以100mm厚石膏板重新制作隔墙，使之与卫生间1新隔墙在同一水平线上。

↑将传统封闭式厨房的隔墙拆除，使厨房与客厅、餐厅形成开放式空间。以时尚现代的吧台作为空间功能分区的元素，既时尚美观，又最大化利用了空间

↑将南面的阳台并入客厅，大大提高了室内空间的可用面积。浅色的窗帘不仅更有利于阻隔阳光，在色调上与客厅也更和谐统一

↑以浅色的暖色调为主色调，烘托出家的温馨。但是如果客厅中所有的装饰及配件全是浅色调，务必会造成单调飘浮感。因此，选择深灰色的地毯，在色彩上能起到中和的作用，使客厅的色彩温馨不失沉稳感

↑餐厅与入户大门间的米色雕花造型隔断，将餐厅与入户门厅进行了有效分隔，避免了入门直接面对餐桌带来的视觉冲突，增强了居室的隐私性

↑将阳台并入主卧室中，大大增加了卧室的使用面积，使卧室中有足够的空间可以设置书桌，供阅读、学习之用，在卧室中增加了书房的功能

↑转角衣柜，将卧室空间最大化利用，为主卧室提供充足的收纳功能。相较于现场制作的衣柜，购买的成品衣柜外形更美观，可选性更大，缺点是成品衣柜一般都不能置顶，所以会有一定的空间浪费

方案11.3 完美分配老人房的卫生间与主卧室的衣帽间

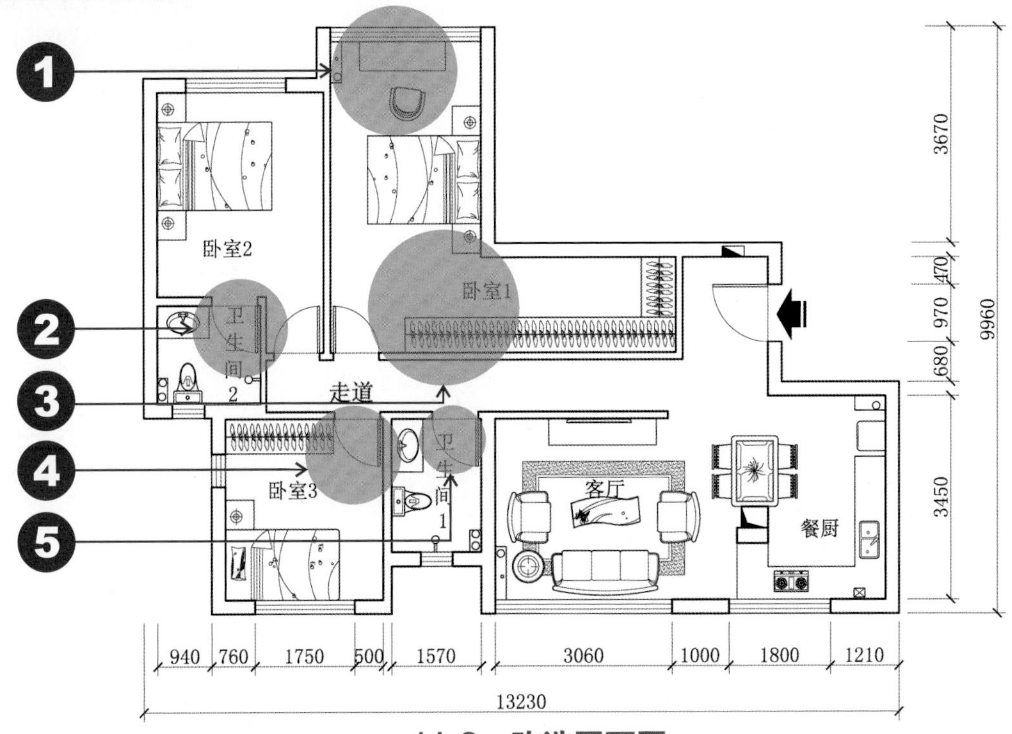

11.3 改造平面图

变身后的新形象诠释

❶ 拆除原阳台2的外隔墙，以5mm+9mm+5mm（即5mm厚双层玻璃，中间留9mm宽空隙）厚玻璃窗替代隔墙。同时拆除原阳台2与原卧室3间的隔墙及门窗。

❷ 拆除原卧室1与卫生间2间的部分隔墙，重新设置卫生间2的开门。在相邻的主卧卧室1开门墙体的水平延伸处设置开门，将并入卫生间2的卧室重新分配为新的卧室2区域，成为居室中的老人卧室。

❸ 拆除原卧室3与走道间的隔墙及开门，向走道方向延伸950mm，以100mm厚石膏板重新制作隔墙，使隔墙的另一端与入户大门的垂直距离为1500mm。以100mm厚石膏板制作卧室与入门大门间的隔墙，设置卧室开门。拆除原卧室3与原卧室1间的隔墙，以100mm厚石膏板制作隔墙。将新围合的房间作为新的主卧卧室1区域。

❹ 拆除原卧室2与走道间的部分墙体，以100mm厚石膏板制作隔墙。拆除原卧室2与卫生间1间的部分墙体，设置开门。将新围合的房间作为新的儿童房卧室3区域。

❺ 拆除卫生间1与走道间的墙体，在新设置的卧室3与走道间隔墙的水平延长线上，以100mm厚石膏板重新制作隔墙，并重新设置卫生间1开门。

↑从个人喜好和使用目的出发，颜色与材质的选择尤为重要，在颇具可爱风格的客厅中，加入带着复古气息的铁艺茶几，使客厅在视觉上取得整体平衡的效果

↑将自然融入生活，不以数量取胜，讲究的是以一枝花或绿色植物蜻蜓点水般加以点缀。即便是几枝小小的绿植，也能传递出生命的力量

↑在欧式风格的装修中，蜡烛是不可或缺的道具。它那红色光线，色温低且柔和，可以营造出温馨浪漫的感觉，尤其到冬天，蜡烛的装饰作用更能大显身手。此外，摇曳的烛光对稳定情绪也有功效

↑将厨房与客厅、餐厅打通后，厨房的窗户不仅仅只成为厨房的光源，也成为客厅、餐厅及入户门厅的光线来源，增加了居室的采光

↑进行墙面装饰时，无论是选择壁纸或是涂料，墙面与顶棚板都使用同样的材料装饰，会产生压迫感。卧室中顶棚板与墙面的壁纸，虽然图案与颜色都不同，但属同一色系，既不会产生压迫感，又和谐统一

↑在主卧室中衣柜对面的墙上装上大面积的透明玻璃镜，既能供穿戴时整理仪容使用，又能在视觉上有空间放大的效果

案例12 做最贴心的空间规划

扬长避短，将不完美的户型变得精彩

户型档案

这是一套未做精细分隔的三居室，三间卧室在交房时并未用隔墙作明确分隔。建筑面积约为120m²，三室两厅，含卧室三间，客厅、餐厅、厨房各一间，卫生间两间，朝南面及朝北面的阳台各一处。

主人寄语

首先，入户大门处的狭长走道就给人浪费感；其次，客厅与餐厅不是传统形式的相连通的格局，而是基本独立的两个空间；另外，销售人员说的是三居室，但在图样上我看到有明确标示的却只有一间卧室；还有，宽阔的阳台在北面，而采光好的南面阳台却非常狭窄，满足不了日常生活中的晾晒之需……但是，因为这套房子的地段非常完美，所以还是买下了它。我们将希望寄托于设计师的奇妙之手，给我们一个完美的家。

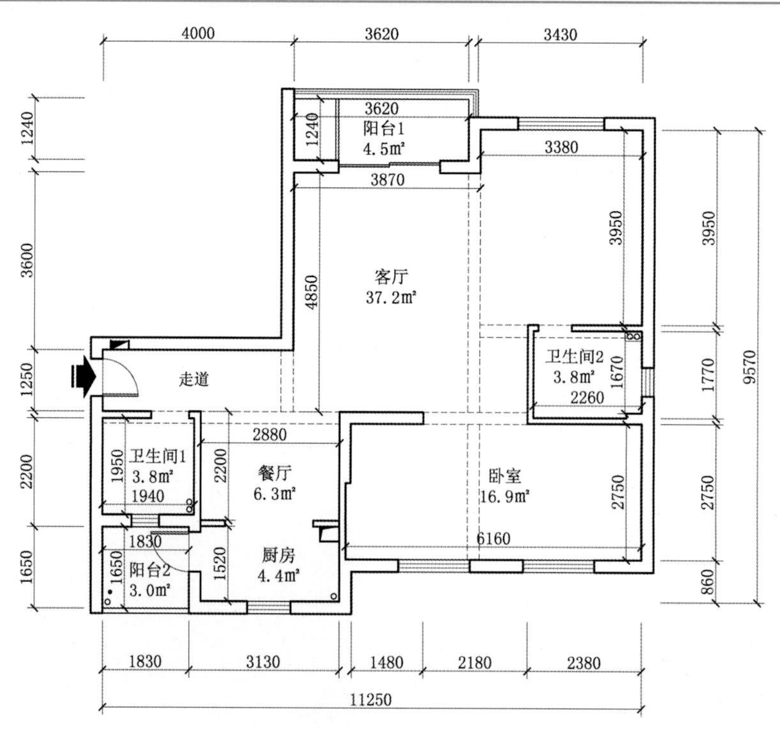

原始平面图

优缺点分析

优点：户型方正，畸零空间少。室内隔墙少，空间未做细致分隔，因此可根据个人喜好及需求自由分配。

缺点：房间面积狭小，阳台实用性差。

方案12.1 浅色调营造出的时尚浪漫

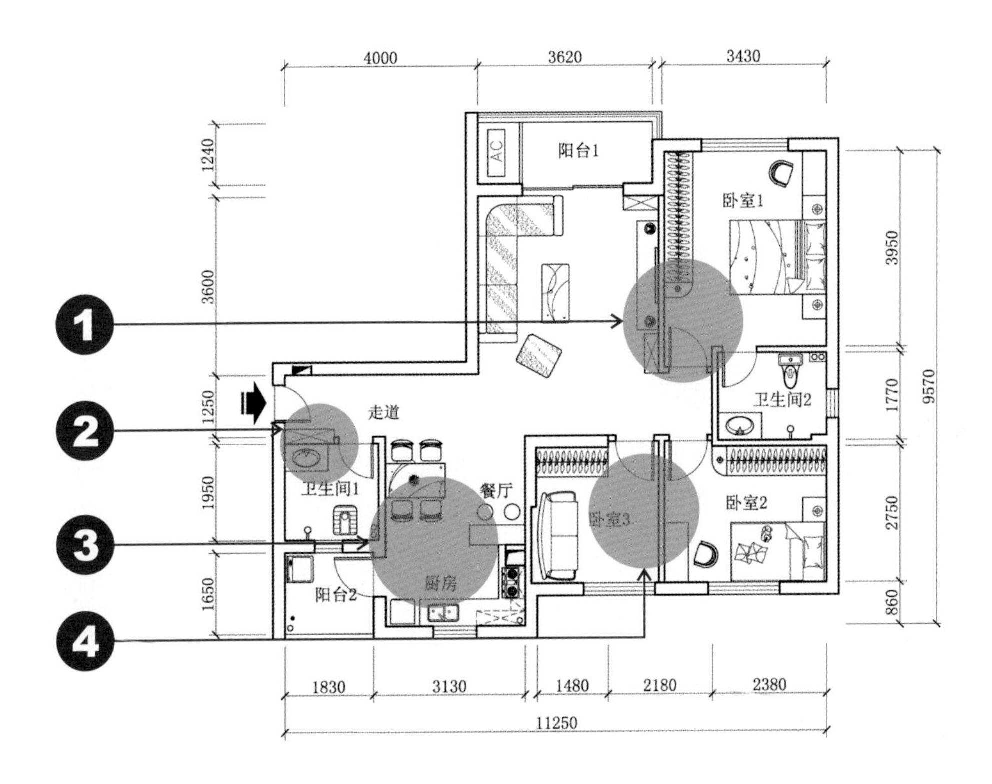

12.1 改造平面图

变身后的新形象诠释

❶ 以100mm厚石膏板制作隔墙，作为分隔客厅与卧室间的墙体，设置卧室开门，将卫生间2并入卧室中。重新分配的区域作为卧室1，用作居室的主卧室。

❷ 拆除卫生间1与走道间的部分隔墙，在此处设置厚度为300mm的装饰鞋柜，为居室增添了收纳功能。

❸ 拆除餐厅与厨房间的墙体，将餐厅与厨房打通，形成开放式餐厨空间。

❹ 在客厅与卧室1隔墙向南的水平延长线上，制作100mm厚石膏板隔墙分隔卧室2与卧室3，设置两间卧室的开门。卧室2作为居室中的儿童房，卧室3为居室中的休闲衣帽间。

↑客厅与阳台间的木质格栅造型推拉门，中间镶嵌5mm厚钢化玻璃。这种造型不是很复杂的推拉门可以在装修过程中现场制作

↑沙发一定得有靠枕或毛毯。它们不但可以起到装饰的作用，小睡时还能调整舒适度。对其选择与沙发布料相匹配的颜色或花纹，能起到画龙点睛的效果

↑在一个功能空间中，当前期装修采用同一色系时，则在后期的配饰中必须有与之相反的色系来衬托、协调。客厅的墙面、地面以及家具都采用淡雅的米色系，后期配饰时选择黑色可以加强整体重量感

↑灯光既能让餐桌上的食物看起来更加美味，又能营造出柔和的气氛。在餐桌的正上方选择不透光的金属材质灯具，其良好的聚光性将光线集中照在食物上，如此一来围坐在周围的人也不会感到灯光刺眼

↑餐厅背景墙哪怕是挂上一幅喜欢的装饰画，摆上几件小装饰物件，也能彰显出居室主人的独特品位

↑主卧室中的用色以黄色调为主，有白色、米色、黄色、棕色等，营造出温馨、舒适的卧室氛围

方案12.2 美式生活怎能缺少一间自在随意的大卧室

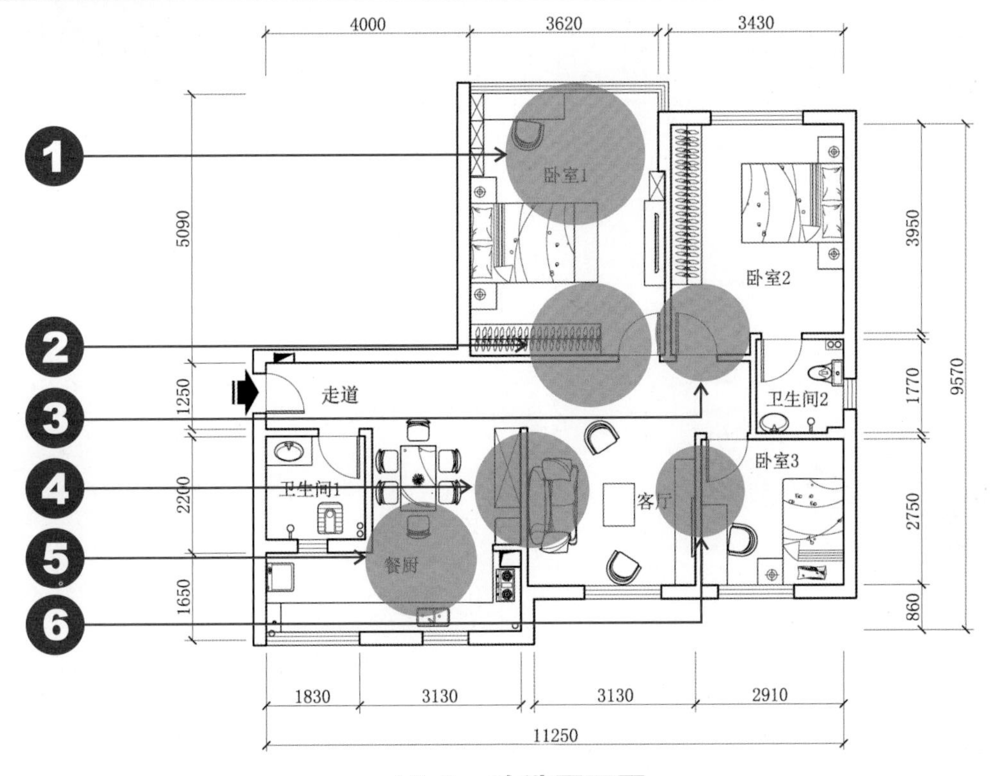

12.2 改造平面图

变身后的新形象诠释

❶ 拆除原阳台1与原客厅间的墙体及推拉门，将原阳台1并入室内。

❷ 分别在原客厅与其东面相邻卧室之间、原客厅与走道之间以100mm厚石膏板制作隔墙，并设置开门。将新围合的房间作为新的卧室1区域，成为居室的主卧室。

❸ 在新设置的卧室1开门墙体以东的水平延长线上，以100mm厚石膏板制作隔墙，并设置开门，将卫生间2并入室中。将新围合的房间作为新的卧室2区域，成为居室的老人卧室。

❹ 拆除原卧室与原客厅走道间的墙体。同时拆除原卧室与原餐厅间的部分墙体，以100mm厚石膏板重装制作墙体，减少墙体所占的空间，挖掘每一寸可用空间。

❺ 拆除原阳台2与原厨房间的隔墙及开门，同时拆除原厨房与原餐厅间的部分墙体，将原阳台2并入厨房空间，打造成开阔的一体式餐厨空间。

❻ 以100mm厚石膏板制作开门两侧所需墙体，设置开门。在垂直方向以100mm厚石膏板制作另一面隔墙，分隔卧室与客厅。将新围合的房间作为新的卧室3区域，成为居室的儿童房。

↑将具有马赛克效果的方块图案瓷砖铺贴在厨房墙面，是厨房装修中常用到的装饰方法，这样既保留了马赛克色彩斑斓的视觉效果，给厨房增添了轻松、愉悦的进餐氛围，又避免了因大面积使用马赛克而带来的费用顾虑

↑客厅中的沙发与茶几彰显了美式家具敦厚、稳重的特性，显得有一丝沉闷笨拙感。而搭配质感柔和、花色美观的布艺物件，可以打破古板沉郁，在柔与刚之间，释放出活泼与轻快，使整个客厅充满温馨和舒适

↑将原来卧室的一部分改造成客厅，使客厅与其他功能空间分隔出来，形成一个独立的功能区域，作为居室中的视听区，静谧的环境让视听享受更佳

↑儿童房中的床、床头柜、书柜椅以及墙面上的装饰隔板等是在家居卖场购买的套装家具。在装修工程进行到后期软装阶段时，业主可到家居卖场挑选自己中意样式、材质的家具，将家居设计图提供给家具商，由家具商下单订制，制作完成后上门安装

↑如果在床上放上很多个枕头或抱枕，就会变成是居室装修的一部分，给人时髦的感觉。摆放不同颜色、款式的抱枕或枕头，是营造时髦氛围的小诀窍

↑将北面的阳台和客厅改造成主卧室，让居室中有了一间足够宽敞大气的卧室，更符合美式风格装修的先决条件。同时，落地的大窗户能为卧室提供更充足的采光

方案12.3 浑然天成的摩登之家

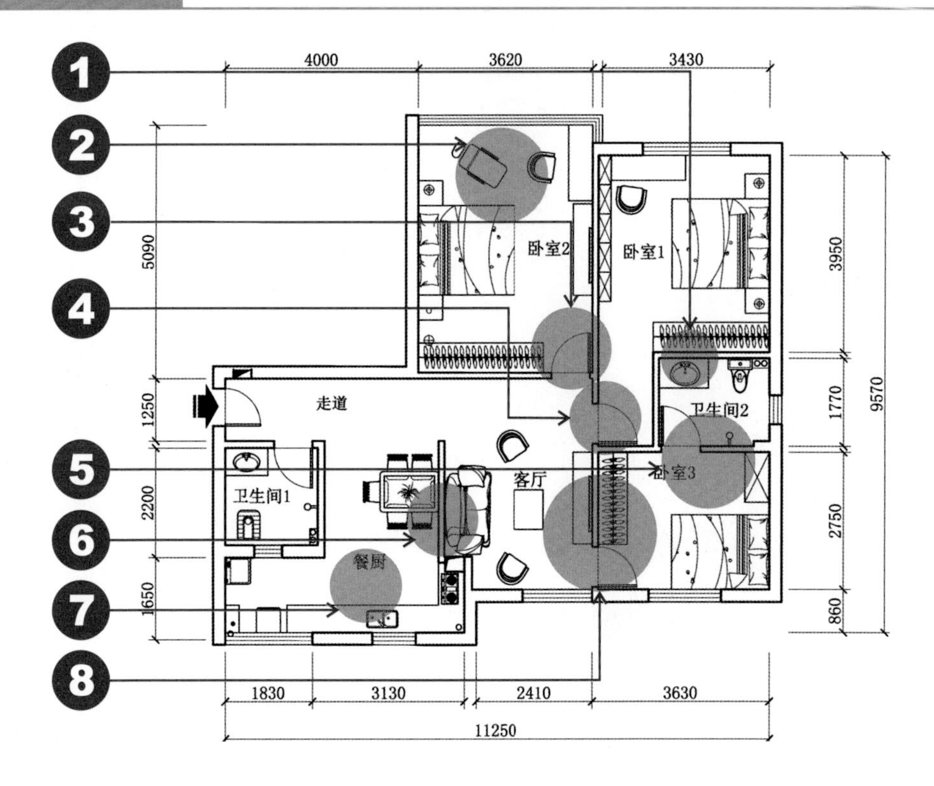

12.3 改造平面图

变身后的新形象诠释

❶ 以100mm厚石膏板制作墙体，封闭卫生间2的开门。

❷ 拆除原阳台1与原客厅间的墙体及推拉门，将原阳台1并入室内。

❸ 分别在原客厅与其东面相邻原卧室之间、原客厅与走道之间以100mm厚石膏板制作隔墙，并设置开门。将新围合的房间作为新的卧室2区域，成为居室的老人卧室。

❹ 以100mm厚石膏板制作隔墙，并设置开门。将新围合的房间作为新的卧室1区域，成为居室的主卧室。

❺ 拆除卫生间2与其相邻南面原卧室间的部分隔墙，设置开门，将卫生间2并入室内。

❻ 拆除原卧室与原客厅走道间的墙体。同时拆除原卧室与原餐厅间的部分墙体，以100mm厚石膏板制作墙体，作为餐桌旁的餐厅背景墙。

❼ 拆除原阳台2与原厨房间的隔墙及开门，同时拆除原厨房与原餐厅间的部分墙体，将原阳台2并入原厨房，打造成开阔的一体式餐厨空间。

❽ 以100mm厚石膏板制作隔墙，并设置开门。将新围合的房间作为新的卧室3区域，成为居室的儿童房。

↑客厅顶面采用表面涂饰硝基漆的木芯板作边框，与复合木地板相搭配，形成独具一格的顶棚。同时，与客厅墙面在色调上形成统一，但又有别于墙面，不会显得单调乏味

↑客厅中一面墙上用木芯板涂刷黑板漆，其上有用粉笔书写文字造型，另一面墙上采用生态板竖向造型，将自然气息与时尚韵味相融合

↑色彩搭配在家居装修中发挥着至关重要的作用，要注意色彩的整体感，在以浅色为主的餐厨空间中，必须加上纯度大的深色来增加重量感，以达到色彩的整体平衡

↑在卧室中摆放一面镜子，能方便业主日常整理仪容。但是从心理学上来说，在卧室中摆放镜子时要注意：镜子最好不要照到床头，否则人从睡梦中醒来时，容易因为看到镜中的自己，而被吓到

↑主卧室中的超大容量装饰柜，以抽屉和隔板相结合的构造形式，不仅可以用来收纳生活用品，还能放置书籍以及各种装饰小件，非常实用

↑床头柜一般分别设置在床的一左一右，衬托着床，它的功用主要是收纳一些日常用品。卧室中的床头柜造型独特，它的上部可以放置一些小物件，下部还能当作一个小书柜来陈放书籍

案例 13 颠覆布局，空间显神通

阳台与外挑窗台的创意革新

户型档案

这是一套紧凑三居室，建筑面积约为105m²，三室两厅，含卧室三间，客餐厅、厨房、卫生间各一间，朝北面的阳台一处。

主人寄语

这套住宅的地段处于比较成熟的商圈之中，周边各项配套设施齐全，这些都是这套住宅的卖点。如果说让我们觉得不满意的地方在哪，因为我们并不是专业人士，对户型也不是很懂，但就目前的分析，首先是，有两间卧室中都带有当年非常盛行的飘窗，但是对于建筑面积只有9~10m²的卧室来说，我觉得如何让飘窗起到更实际的作用，才是最重要的；另外，厨房空间太过狭窄，对于习惯在家里用餐的我们，这是最需要妥善解决的问题。

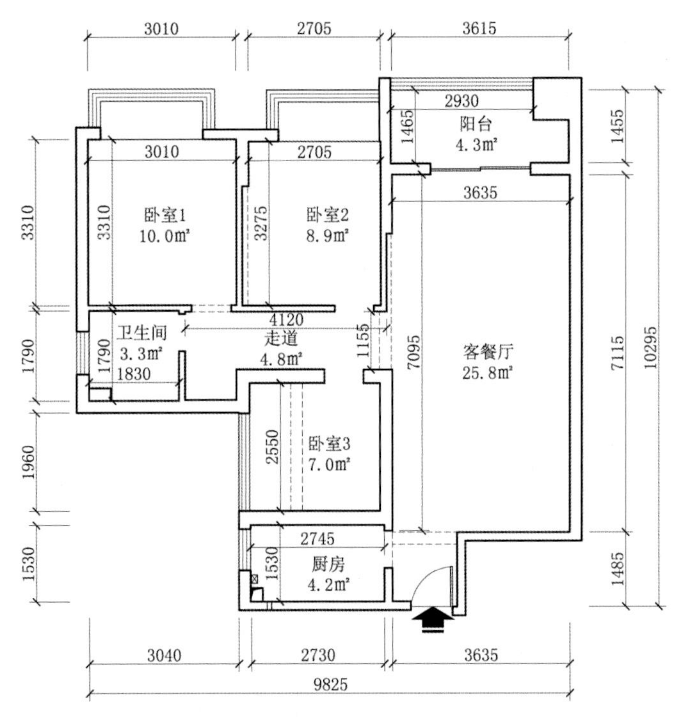

原始平面图

优缺点分析

优点： 户型格局合理，三间卧室与卫生间集中分配在客厅的对面。采光通风优良。

缺点： 卧室、厨房面积小，减弱了使用的舒适感。

方案13.1 现代简约与波西米亚风的时尚之约

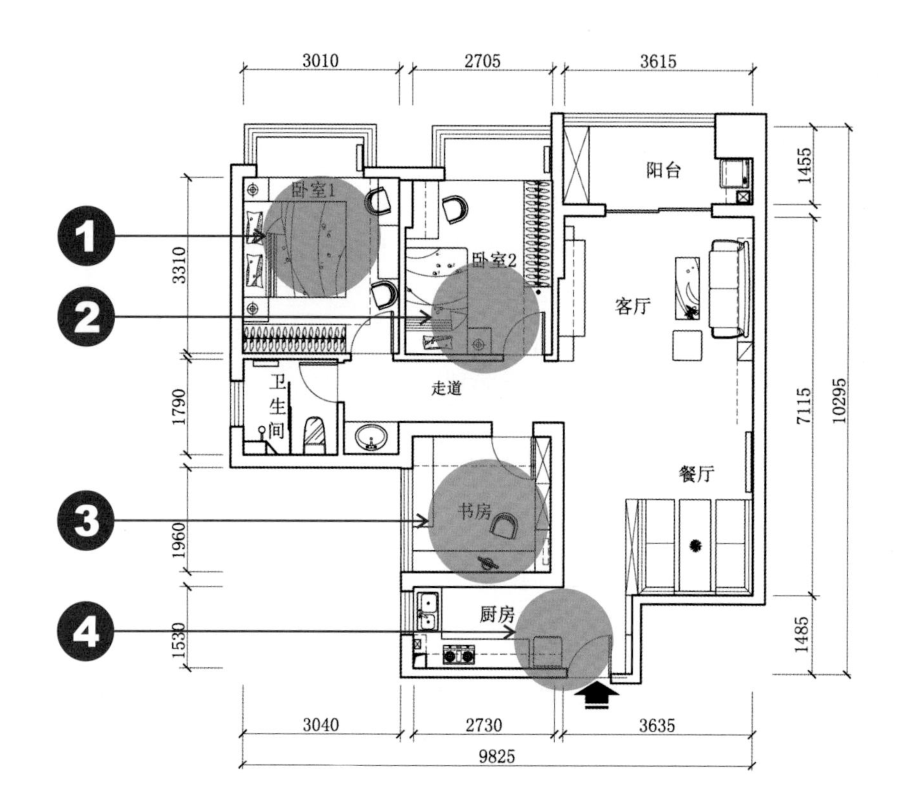

13.1 改造平面图

变身后的新形象诠释

❶ 将三间卧室中面积相对较大的卧室1分配为主卧室区域，以便在其中有足够的空间来放置一张双人床及衣柜。

❷ 将面积仅次于主卧室的卧室2分配为儿童房区域，靠墙放置一张宽为1.2m的单人床，床尾设置书桌，供孩子日常的阅读、学习使用。

❸ 将三间卧室中面积最小的卧室3分配为书房区域，为居室设置一间独立的书房。

❹ 拆除厨房与入户门厅间的隔墙及开门，将厨房打造成开放式厨房，解决了因厨房面积狭窄而带来的使用不便。

↑客厅、餐厅顶面采用双组分结构胶粘贴复合木地板制作吊顶，保留了木材的原始纹路与色彩，与墙面的绿植装饰形成呼应

↑在家居装修中，要想营造出舒适的空间，都从顶面打光是不可取的。客厅中以顶面的灯光为辅，在沙发背景墙上设置了一组射灯，作为沙发区的主光源，这种可自由变换角度的射灯，使客厅的照明效果千变万化富有趣味

↑餐厅墙面上挂置的色彩浓郁、对比强烈的仿真绿植，突显出波西米亚自由不羁的狂野风格，与现代简约风格的餐桌椅相搭配，体现了一种自由随性的混搭风格。以现代简约为主，波西米亚风格为点缀，两者搭配并不显得突兀，反而相得益彰

↑客厅电视机背景墙采用双组分结构胶粘贴复合木地板与木芯板涂刷乳胶漆相搭配的立体造型，与顶面吊顶相呼应

↑床头背景墙上挂置黑色实木边框的装饰画，与两侧瓷盘工艺品装饰造型在色彩上达到高度统一，营造出整体的和谐感

↑在书房的墙面上挂置几幅艺术气息浓郁的装饰画，能给书房增添高雅的艺术氛围，让人置身其中时得到身心上的享受

方案13.2 外挑窗台的完美利用，三房变四房

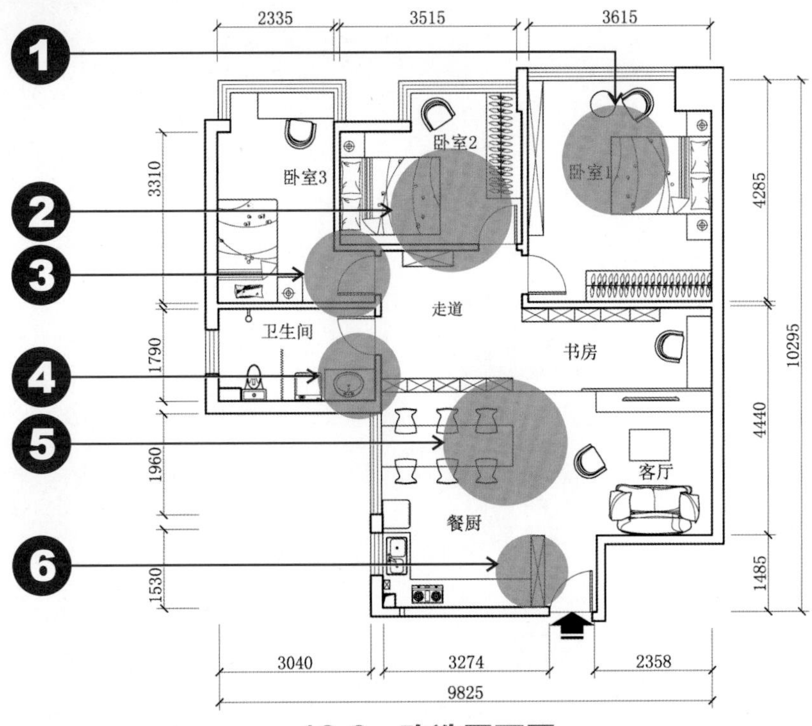

13.2 改造平面图

变身后的新形象诠释

❶ 拆除原阳台与原客餐厅间的隔墙及推拉门。在新设置的卧室3与卫生间隔墙的水平延伸方向，以100mm厚石膏板制作隔墙，并在垂直方向设置开门。将新围合的房间作为新的卧室1区域，成为居室的主卧室。

❷ 拆除原卧室2与走道间的隔墙，以100mm厚石膏板重新制作隔墙，并设置开门。同时拆除原卧室2与相邻原阳台及原客餐厅间的部分隔墙，将原240mm厚的墙体改造成100mm厚薄墙。拆除原卧室2中的外挑窗台，增加卧室的使用空间。将新围合的房间作为新的卧室2区域，成为居室的老人房。

❸ 以100mm厚石膏板制作隔墙，将原卧室1的开门封闭，重新设置开门。同时，拆除原卧室1与原卧室2间的隔墙，以100mm厚石膏板重新制作隔墙，使隔墙与外挑窗台在一条水平线上。拆除卧室中的外挑窗台，增加卧室的使用空间。将新围合的房间作为新卧室3区域，成为儿童房。

❹ 拆除卫生间与走道间的隔墙。拆除卫生间与原卧室3间的隔墙，留足开门所需空间后，以100mm厚石膏板重新制作隔墙，将卫生间原本的干湿两个区域合并，以增大卫生间使用面积。

❺ 拆除原卧室3与走道间的墙体，拆除原卧室3与原客餐厅间的墙体。

❻ 拆除原厨房与原卧室3以及入门大门间的墙体，打造一体化餐厨空间。

↑黑胡桃木制作的装饰柜代替传统的实体隔墙，来分隔餐厅与书房。装饰柜既可以作为书房的书柜，又可放置装饰物件，为餐厅增添装饰氛围

↑客厅电视柜背部用黑胡桃木制作镂空的装饰造型，既起到空间分隔的作用，同时装饰造型的透光性又保证了书房的光线需求

↑将餐厅与厨房合并成一体式餐厨后，原本狭小的厨房空间变得开阔许多。这种改造形式非常适合对家庭用餐生活品质要求较高的人群

↑主卧室中床头背景墙上的装饰画使用了鲜艳明亮的色彩，与其他物件的色彩形成对比，成为卧室的视觉中心

↑通过重新分配改造后，居室中多了一间可供学习、工作的书房，并且多了一个大容量的书柜

↑将装饰柜挂置在墙上，不仅可以合理利用空间，增加收纳功能，还能起到装饰的作用。秋千座椅给卧室增添了一份浪漫情怀

方案13.3 以中式风格为主线的混搭家

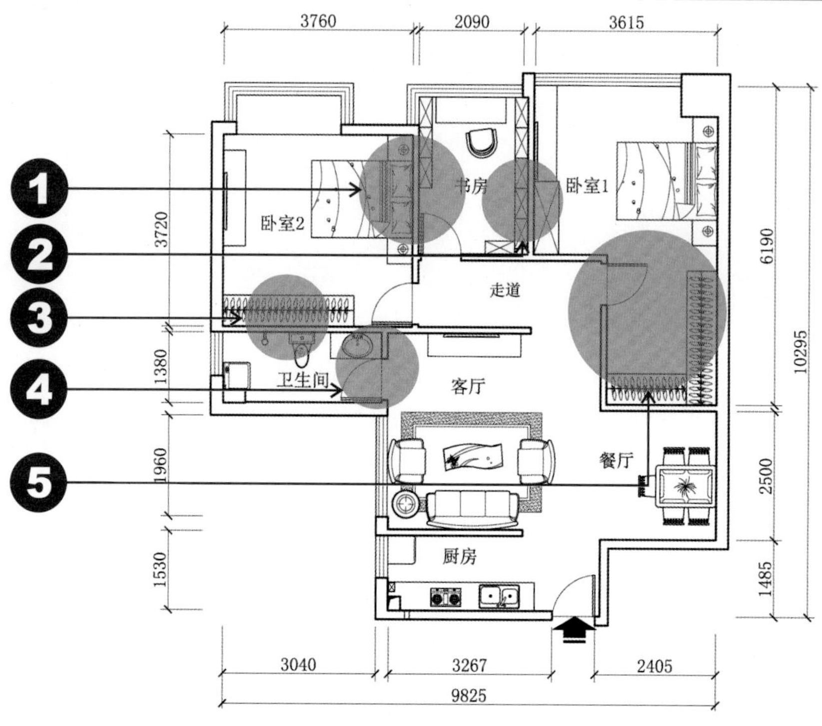

13.3 改造平面图

变身后的新形象诠释

❶ 拆除原卧室1与原卧室2间的隔墙，沿原卧室2窗户边缘以100mm厚石膏板重新制作隔墙，并重新设置开门。将新围合的房间作为新的卧室2区域，成为居室的次卧室。

❷ 拆除原卧室2与原客餐厅间的部分隔墙，在墙体内设置厚度为260mm的书柜，最大化利用空间，增大居室的收纳功能。同时改变房间的开门位置。将原卧室2重新分配为新的书房区域。

❸ 拆除原卧室1与卫生间之间的隔墙，沿卫生间的窗户边缘以100mm厚石膏板重新制作隔墙。

❹ 拆除卫生间与走道间的隔墙，拆除卫生间与原卧室3间的隔墙，留足开门所需空间后，以100mm厚石膏板重新制作隔墙，将卫生间原本的干湿两个区域合并，以增大卫生间使用面积。

❺ 拆除原阳台与原客餐厅间的隔墙及推拉门。在卫生间南面外墙的延长线上以100mm厚石膏板制作隔墙，隔墙的长度与餐厅南面的外墙相等。接着，在新砌筑墙体的垂直方向及原卧室2开门墙体的水平延长线上，同样以100mm厚石膏板制作隔墙，使两面隔墙垂直相交，并设置房间开门。将新围合的房间作为新的卧室1区域，成为居室的主卧室。

↑圈椅是中国明清家具的典型代表，是中式风格中不可或缺的元素。而日式家具以低矮的造型和清雅的色彩著称。客厅、餐厅将这两种风格完美融合在了一起

↑传统日式设计风格受日本和式建筑的影响，讲究空间的流动与分隔，流动则为一室，分隔则分几个功能空间

↑黑、白、灰是一种永远不会过时的搭配，但是也很容易给人压抑和沉闷感，而利用多种不同类型的灯光可以丰富空间层次，化解这种沉闷感

↑主卧室的床头选择中国传统雕花图案造型的床头，与床上织物上的传统中式风格图案以及床头背景墙上的中式装饰画相呼应

↑卧室中红棕色的家具，体现了浓烈的东方美，而墙面、地面以及床上的织物均属于不同纯度及明度的棕色系，营造出和谐、温馨的卧室氛围

↑将原来的阳台并入室内，改造成一间面积充裕的大卧室，使之有足够的空间设置衣柜，相当于在卧室中额外增加了一间衣帽间，大大增加了衣物收纳空间

案例 14 让家里多个书房怎样

布局创造空间，设计改变生活

户型档案

这是一套紧凑两居室，建筑面积约为95m²，两室两厅，含卧室两间，客厅、餐厅、厨房、卫生间各一间，朝北面的阳台两处。

主人寄语

去年开始有了买房的打算，本来看过了几个楼盘，因为各种原因犹豫不决。那天，因为去一个朋友的公司办事，路过一条街，顿时被街道两旁郁郁葱葱的树木和沿街的店铺所营造的那种繁荣又文艺的氛围所吸引，我才发现，这条街其实离我每天工作、生活的地方很近，而我却一直不知道有一个这么美好的地方。过了几天我又走入这条街，看到路旁有个售楼部，于是就结下了我和这里的不解之缘。这套房子主要是我们一家三口居住，但是只有两间房，我们想要一间独立的书房，希望通过设计师的神奇之手，帮我们重新规划一下。

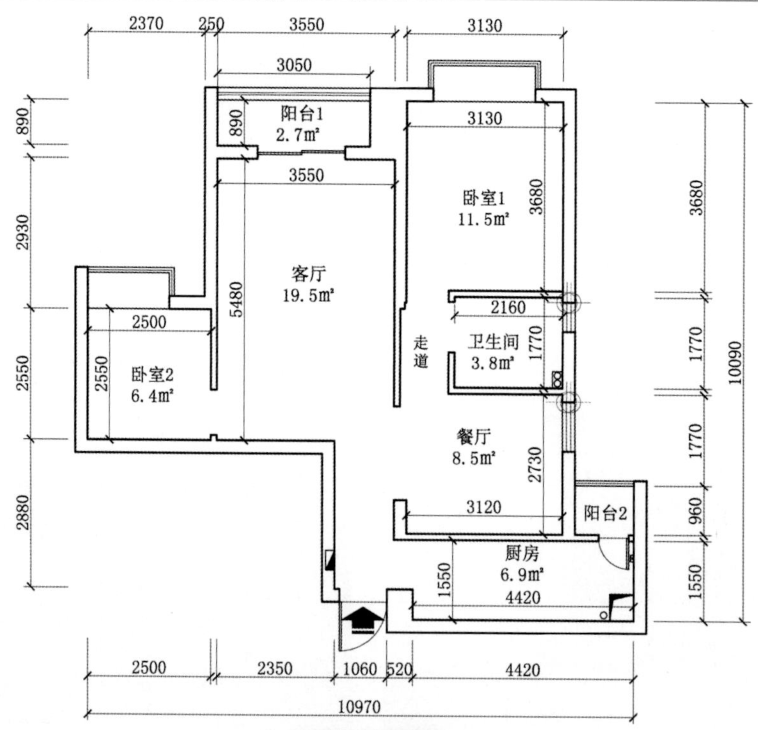

原始平面图

优缺点分析

优点： 公摊面积小，实用性强，通风优良。

缺点： 结构分布合理性较差，异型夹角较多。

方案14.1 将餐厅并入客厅，独立书房有着落

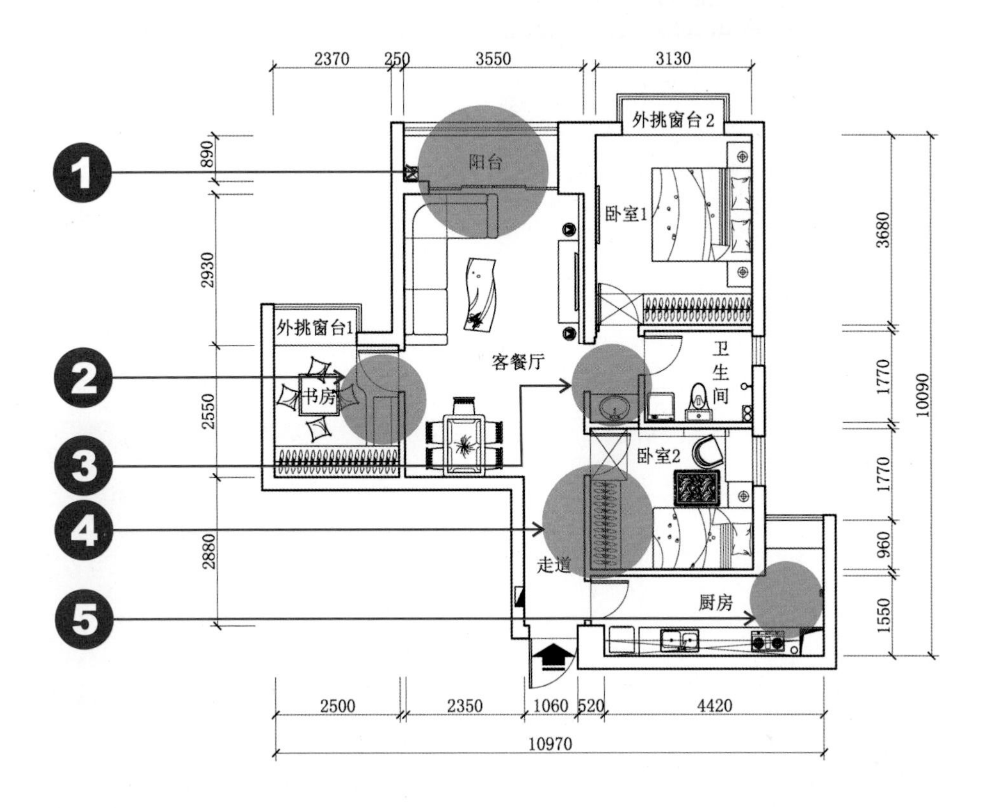

14.1 改造平面图

变身后的新形象诠释

❶ 拆除原阳台1与原客厅间的部分隔墙，将原来的两扇式推拉门改造为四扇式推拉门，增加原客厅的采光与通风。

❷ 拆除原卧室2与原客厅间的部分隔墙，以100mm厚石膏板制作新的隔墙，封闭原开门，并重新设置开门位置。将原卧室2分配为新的书房区域。

❸ 以100mm厚石膏板封闭卫生间与客餐厅间走道，以便在卫生间设置干湿两个区域。同时，拆除原客厅与走道间的部分薄墙，留足600mm宽墙体以供卫生间设置盥洗台，其余部分拆除作为客餐厅与卫生间的走道。

❹ 拆除原餐厅与走道间的隔墙，以100mm厚石膏板重新制作隔墙，并设置开门。将原餐厅区域重新分配为新的卧室2区域，作为居室的次卧室。

❺ 拆除厨房与原相邻小阳台2间的隔墙及门，将原阳台2并入厨房中，以增大厨房的使用面积。

↑现代家居装修中，定制橱柜已成主流趋势，相比传统的现场制作，定制的橱柜外形更美观，做工更精致，并集合多种功能于一体，能更合理地利用空间

↑黑白搭配能给人清晰明快的视觉效果，但也会造成生硬、冷酷感，所以在以黑白为主色调的空间中，应适当运用棕色、灰色等中性色来缓解这种生硬感

↑次卧室中以柔和的浅色调为基调，营造出淡雅、舒适的氛围。但是如果整个房间都是浅色调就会造成视觉上的飘浮感，没有重心，而黑色的书桌椅能增加房间的视觉重量感

↑餐厅背景墙是营造良好就餐环境最重要的因素。花鸟图案的壁纸和青花瓷图案的立体造型墙贴，为餐厅营造了轻松闲致的就餐氛围

→将复合木地板用于顶面代替传统木质吊顶，这种将轻质地面材料用于顶面和墙面的装饰方法是现代装修的流行趋势。将天然大理石挂铺于墙面，作为客厅的电视机背景墙。大理石独有的天然纹理图案和亮泽的质感，给居室增添了自然的活力

方案14.2 互换让卧室与客厅各尽其用

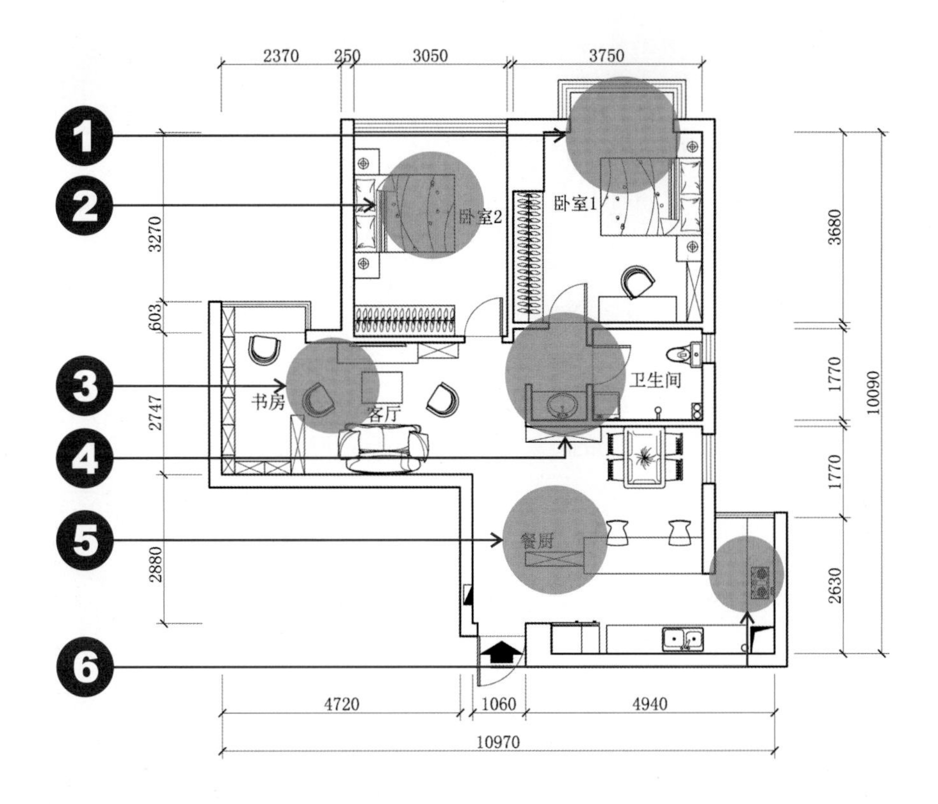

14.2 改造平面图

变身后的新形象诠释

❶ 拆除卧室1中的外挑窗台，增大卧室中的可使用空间。

❷ 拆除原客厅与原阳台1间的隔墙及推拉门，同时拆除原客厅与卧室1间的隔墙，沿原阳台1窗户边墙体延长线以100mm厚石膏板重新制作隔墙。同时以100mm厚石膏板沿原卧室2北面外墙的水平延长线上制作隔墙，并设置开门。将原阳台1并入室内，围合的房间作为新的卧室2区域。

❸ 拆除原卧室2中的外挑窗台以及原卧室2与原客厅间的隔墙，在之间设置成品铁艺装饰造型，作为书房与客厅的分隔。

❹ 以100mm厚石膏板封闭卫生间与原餐厅间走道，以便在卫生间设置干湿两个区域。同时，拆除原客厅与走道间的部分薄墙，留足600mm宽墙体以供卫生间设置盥洗台，其余部分拆除作为客厅与卫生间的走道。

❺ 拆除原餐厅与走道间以及原餐厅与原厨房间的隔墙，将原餐厅与原厨房合并为一体式餐厨空间。

❻ 拆除原厨房与原相邻小阳台2间的隔墙及开门，将原阳台2并入室内，以增大餐厨空间的使用面积。

↑纸面石膏板具有质轻价廉、裁切方便、运用范围广的优点，在家居装修中被广泛使用。用纸面石膏板造型作为客厅的沙发背景墙，成为居室中独特的风景

↑将餐厅与厨房打通，通过吧台将两者在视觉上进行功能分区，这不仅最大化地利用了空间，使空间更开阔，还解决了厨房采光不足的问题

↑餐厅中以低纯度的蓝色与中性的黑白灰相搭配。明亮的冷色具有透明感，高明度的灰色更具有舒适、柔和的特点，能传达出细腻、轻柔的感受

↑主卧室中的床头背景墙以镜面玻璃作底面，表面覆盖雕刻纤维密度板，喷涂硝基漆造型，营造了温馨、别致的卧室氛围

↑将原本的外挑窗台拆除后，房间中多了一处可放置书桌的空间。对于空间不充裕的居室来说，合理利用外挑窗台是不错的选择

↑以浅米黄色作为卧室的主色调，可以使室内空间舒适且柔和，给人和谐放松的感觉。而黑色的床头柜则起到加重、稳定空间色彩的作用

方案14.3 餐厅与书房的时尚新搭配

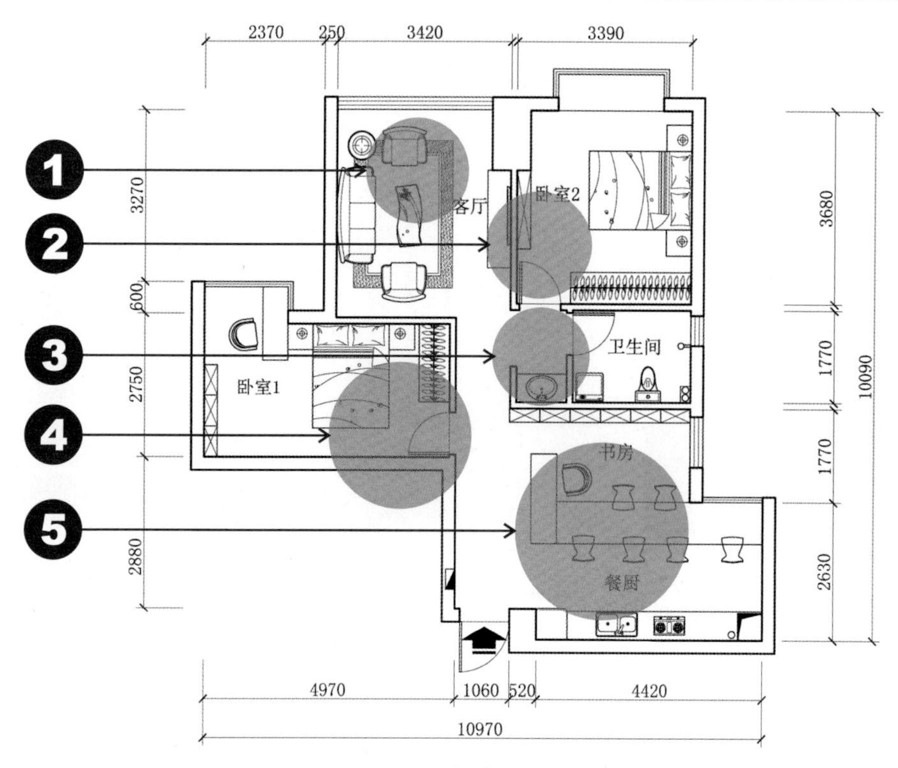

14.3 改造平面图

变身后的新形象诠释

❶ 拆除原客厅与原阳台1间的隔墙及推拉门，将原阳台1并入客厅。同时拆除原客厅与原卧室1间的部分隔墙，以100mm厚石膏板沿入户大门与原厨房隔墙的水平延长线上重新制作隔墙。

❷ 留850mm宽距离作开门所需，其余部分以100mm厚石膏板制作原卧室1与卫生间的隔墙。将原卧室1重新分配为新的卧室2区域，作为居室的次卧室。

❸ 以100mm厚石膏板封闭卫生间与原餐厅间走道，以便在卫生间设置干湿两个区域。同时，拆除原客厅与走道间的隔墙，以100mm厚石膏板制作长为700mm的隔墙，使隔墙与入门大门及原厨房隔墙在同一水平线上。

❹ 拆除原卧室2中的飘窗。同时拆除原卧室2与原客厅间的隔墙，以100mm厚石膏板分别制作与客厅及走道间的隔墙，并设置开门。将原卧室2重新分配为新的卧室1区域，作为居室的主卧室。

❺ 拆除原餐厅与原厨房以及原餐厅与走道间的隔墙。同时，拆除原厨房与相邻原小阳台2间的隔墙及开门。以餐桌与装饰柜分隔出新的餐厨与书房一体式的空间格局。

↑在居室中设置玻璃镜能在视觉上有效增加空间面积。客厅墙面若设置整面玻璃镜，容易造成眩晕等不好的视觉感受。而挂置一组长方形玻璃镜就避免了这些问题，同时镜面四周的金属边框也增加了装饰感

↑客厅作为家庭中会客、休闲及视听的重要功能区域，因此客厅的沙发背景墙一直是家居装修中最重要的一部分，能直接反映出主人的审美品位与文化内涵

→红棕色的橱柜、浅黄色的地砖及浅黄色的顶面，还有餐桌柜、装饰吧台的颜色都属于暖色调，而墙面的蓝色墙砖点缀在这些暖色调中，形成了冷暖色调的强烈对比，丰富了空间的层次

←将厨房与餐厅打通后，以装饰柜和餐桌作分隔，在餐厅中分隔出一处独立区域作为书房，为居室增添了一处可供阅读、学习的空间

↑将主卧室中的飘窗拆除，使这部分空间得以更好的利用。对于面积不是很充裕的居室来说，虽然少了一个使用频率不高的窗台，却能让房间宽敞不少

↑床头背景墙上的装饰画选择鲜艳亮丽的黄色，黄色属于高明度的色彩，与明度较低的灰褐色壁纸搭配在一起，给人十分明快的感觉

案例 15 设计引导便捷生活观

解决从厨房到餐厅的麻烦

户型档案

这是一套三居室户型，建筑面积约为100m²，三室两厅，含卧室三间，客厅、餐厅、厨房、卫生间各一间，朝北面的大阳台一处，朝西面小阳台一处。

主人寄语

这套房子是父母十多年前购买的，我们决定将它进行重新的改造装修，用作婚房，平时供我们一家四口居住。这套户型一共有三间房，我们希望留两间作为卧室，我们年轻夫妻一间，父母一间，另外一间暂时不考虑用作儿童房或客卧室，用作书房或是公共区域都可以。另外，在装修风格上，父母比较喜欢中式风格或是日式风格，而我们比较倾向于现代简约风格，希望设计师最好能兼顾每个人的喜好，寻求平衡。

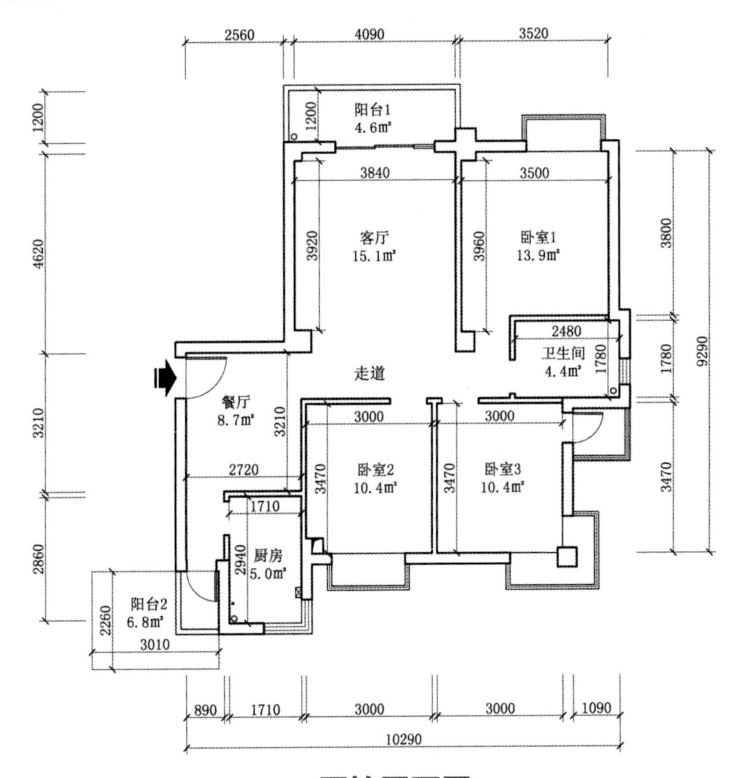

原始平面图

优缺点分析

优点：各独立区域开间大，进深小，采光通风良好。

缺点：厨房、餐厅、客厅三个功能空间通行不便利，影响日常使用。

方案15.1 增强厨卫空间使用舒适性能提升幸福指数

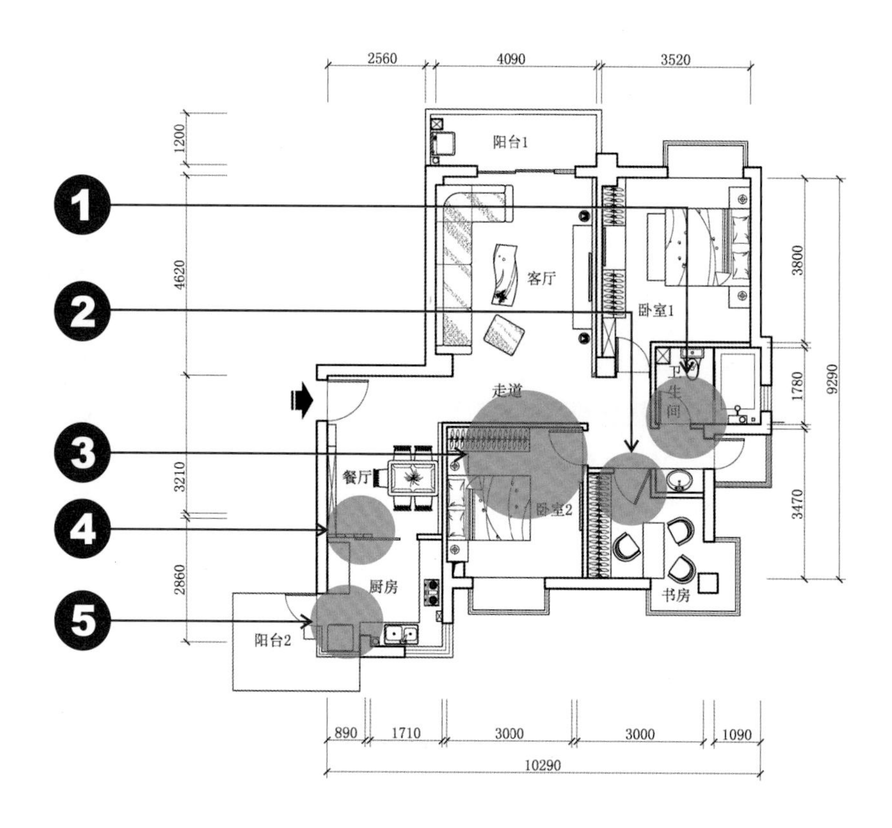

15.1 改造平面图

变身后的新形象诠释

❶ 以100mm厚石膏板封闭卫生间的开门。同时拆除卫生间与原卧室3间的隔墙，重新设置卫生间的开门位置，在原卧室3中设置卫生间的盥洗台，将卫生间作干湿分区，增大卫生间的使用面积。

❷ 以100mm厚石膏板重新制作隔墙，并设置开门，将原卧室3重新分配为新的书房区域。同时，拆除房间中的飘窗，增大房间的使用面积。

❸ 以100mm厚石膏板封闭卧室2的开门，重新设置开门位置。将卧室2设置为居室的次卧室。

❹ 拆除厨房与餐厅间的隔墙，在厨房与餐厅间设置木质推拉门作空间分隔。

❺ 拆除厨房与阳台2间的开门及窗户，重新设置开门，将阳台2并入居室，可大大增加居室的使用面积。

↑圈椅起源于唐代，是中式风格装修中常常出现的元素，其造型圆婉优美，体态丰满劲健，坐靠时可使人的臂膀都倚着圈形的扶手，感到十分舒适

↑竹是中国传统文化题材的“四君子”之一，用在中式风格装修的居室中，可以更好地渲染出这种传统的文化氛围

↑中式风格装修中的造型多采用对称式的布局方式。餐厅背景墙采用中国传统图案的实木装饰造型，呈对称式分布于四周

↑卧室的床头背景墙铺贴PVC喷绘中国传统山水装饰画壁纸，上压木龙骨外饰硝基漆方框造型，集传统与时尚于一体

↑在色彩种类应用方面，中式风格装修所采用的色系较少。卧室中以黑色、棕色等较为深沉的颜色，与白色、米色及浅黄色等亮色淡雅的色彩相搭配

↑深色的胡桃木书柜，与浅色的墙面及装饰物品形成强烈对比，给书房营造出一种明快感

方案15.2 将阳台并进书房，还你一个阳光书屋

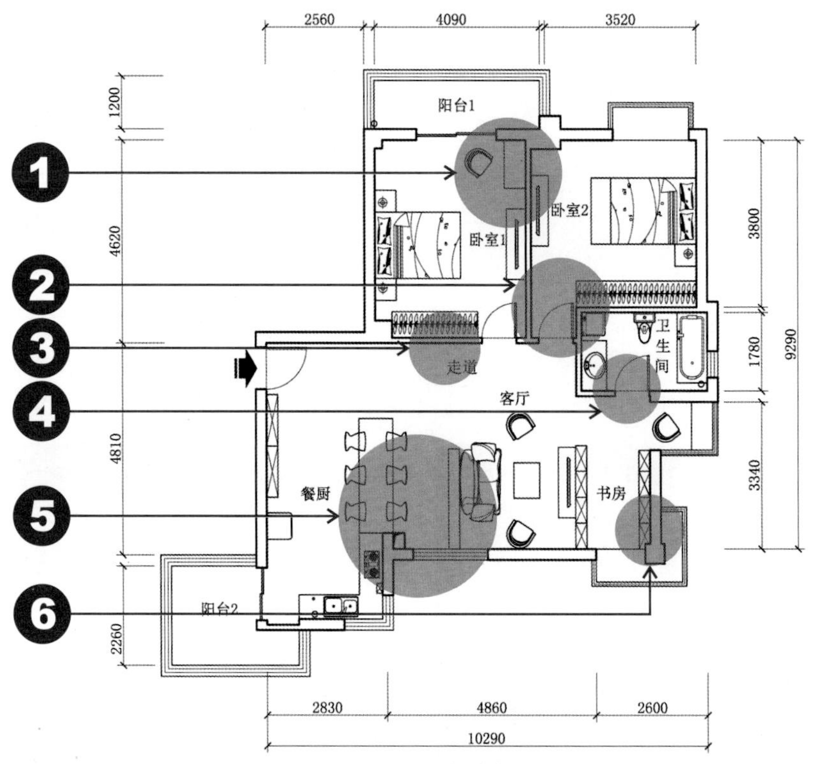

15.2 改造平面图

变身后的新形象诠释

❶ 用5mm+9mm+5mm厚中空玻璃封闭阳台1，将阳台1与原客厅间的固定扇玻璃隔断拆除，制作新的墙体代替。拆除原客厅与原卧室1间的隔墙，在原隔墙向原客厅水平方向320mm处以100mm厚石膏板重新制作隔墙。

❷ 拆除原卧室1与走道间的墙体，以100mm厚石膏板重新制作墙体，减少原来的墙体所占空间，并设置开门。将原卧室1重新分配为新的卧室2区域，成为居室的次卧室。

❸ 以100mm厚石膏板在原客厅与走道间制作隔墙，并设置开门。将原客厅重新分配为新的卧室1区域，成为居室的主卧室。

❹ 以100mm厚石膏板封闭卫生间的开门。拆除卫生间与原卧室3的部分隔墙，重新设置卫生间的开门。

❺ 拆除原卧室2与原餐厅及原厨房间的隔墙，拆除原卧室2与原客厅走道及原卧室3间的隔墙。同时拆除原卧室2中的飘窗台，以5mm+9mm+5mm厚中空玻璃设置卧室开窗。

❻ 拆除原卧室3与走道间的隔墙，同时拆除原卧室3与相邻阳台间隔墙及开门，增大室内面积。在原卧室3的飘窗上制作墙体，使外墙与梁柱相连。

↑设计需要创新，生活也需要创意。客厅的茶几采用传统旧木箱为元素，造型古朴，年代感强烈，与墙上的黑白照片形成呼应

↑餐厨与厨房操作台相连接，形成一个整体，具有更强的视觉延伸感，使空间看起来更开阔，同时也能更好地利用空间

↑常用作局部照明的落地灯，具有照度集中、移动便利的特征。在卧室的床头放置一盏落地灯，作为卧室的辅助光源，是非常不错的选择

↑将卧室旁的阳台并入室内，将其改造成书房，与客厅、餐厅、厨房形成一体式开放空间。这在增加室内使用面积的同时，也使居室的采光通风更好

↑在木地板上铺设毛绒地毯，通过地面材料将书房与客厅进行功能分区。业主在闲暇时光，坐在柔软、洁净的地毯上，享受阅读的快乐

↑将客厅改造成主卧室后，阳台俨然成为一个室内小公园。摆上一把休闲吊椅、几盆绿植，望着窗外的风景，所有不快烟消云散

方案15.3 三房变两房的时尚大气

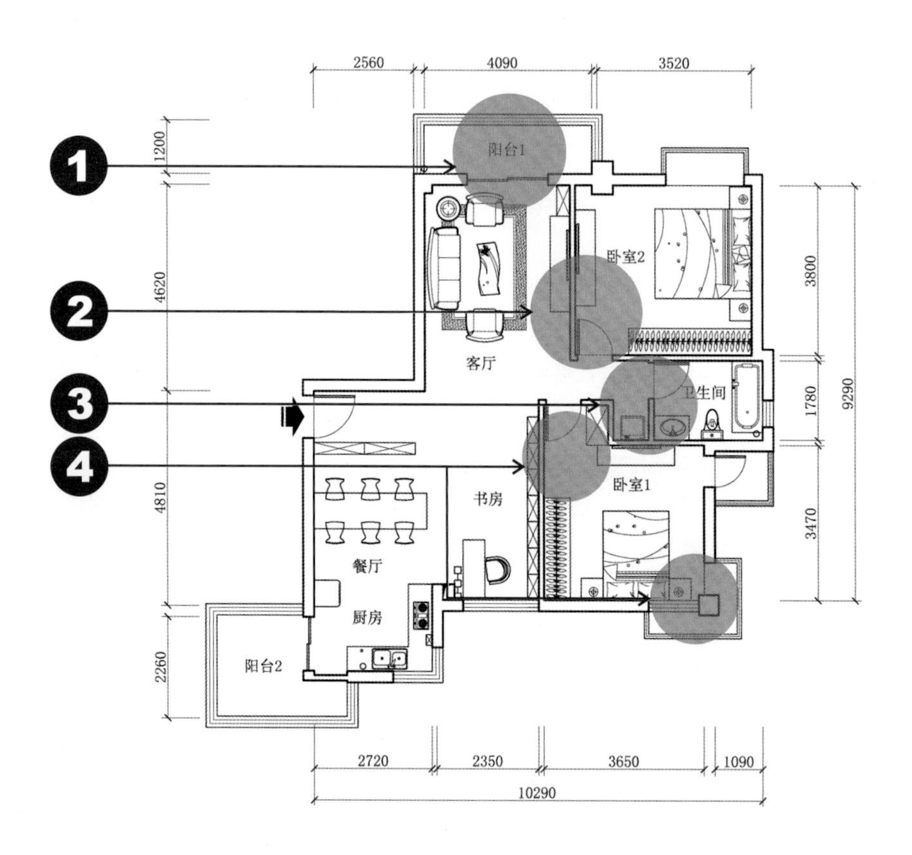

15.3改造平面图

变身后的新形象诠释

❶ 用5mm+9mm+5mm厚中空玻璃封闭阳台1，将阳台1与原客厅间的固定扇玻璃隔断拆除，制作新的墙体代替。拆除原客厅与原卧室1间的隔墙，在原隔墙向原客厅水平方向500mm处以100mm厚石膏板重新制作隔墙。

❷ 拆除原卧室1与走道间的墙体，以100mm厚石膏板在原卧室1与卫生间隔墙的水平延长线上制作新的墙体，并设置开门。将围合的区域作为新的卧室2区域，成为居室的次卧室。

❸ 拆除卫生间与走道间的部分隔墙，以100mm厚石膏板重新制作隔墙，重新设置卫生间开门。

❹ 将原卧室3开门一侧的隔墙向垂直方向以100mm厚石膏板制作长度为900mm的隔墙，接着垂直方向制作隔墙，并设置开门。拆除原卧室2与原卧室3间的隔墙，以100mm厚石膏板沿原卧室2窗户边缘重新制作隔墙。将围合的区域作为新的卧室1区域，成为居室的主卧室，并将卧室内的部分飘窗台处以5mm+9mm+5mm厚中空玻璃设置窗户。

↑在居室装修中，每个重要的功能区域都应该有一个承载主色的物件，而在这个区域中，同时也需要有其他配件与之相呼应。客厅的沙发背景墙是这里的主色物，而沙发上的绿色抱枕作为与之呼应的配件

↑将木质板材裁切成条状，表面喷饰清漆后横向钉制于墙面，这是我国南方沿海地区常用的装饰方式，寓意“横财”

↑将餐厅、厨房及书房这三个不同的功能空间合并为一个开放式的空间，在省去了隔墙所占面积的同时，也使空间更开阔。为了在视觉上进行分区，可以在各个功能区的顶面分别设置不同造型的灯具

↑餐桌旁的装饰柜，不仅可以用来放置一些日常生活用品，方便用餐时的取用。同时，装饰柜也用作居室的入户屏风及鞋柜，一举多得

↑将原来卧室中的一部分分隔出来，与餐厅合并，以书桌作为分隔，在餐厅中设置一处具有独立功能的书房，满足个性化的需求

↑在居室装修中，卧室的墙面及地面所使用的材料一般都应与其他区域有所不同，如果整个居室墙面都是贴壁纸，那么，可以在图案及颜色上加以区别

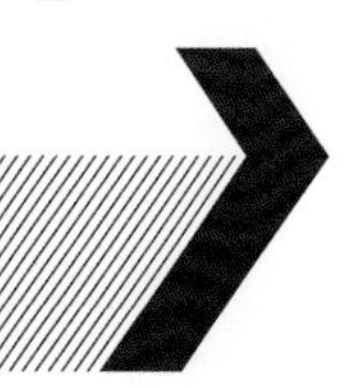

案例 16 斑斓光影创意无限

百平以内的温馨大气家

户型档案

这是一套三居室户型，建筑面积约为98m²，三室两厅，含卧室三间，客厅、餐厅、厨房、卫生间各一间，朝西面的阳台一处。

主人寄语

本来我们一家三口是在这个城市租房的，公婆为了我们卖掉了老家的房子，资助我们买下了这套新居室。这套户型一共有三间卧室，其中有一间只有不到5m²，用作儿童房似乎也小了一点，希望设计师在设计中能帮我们解决这个问题。

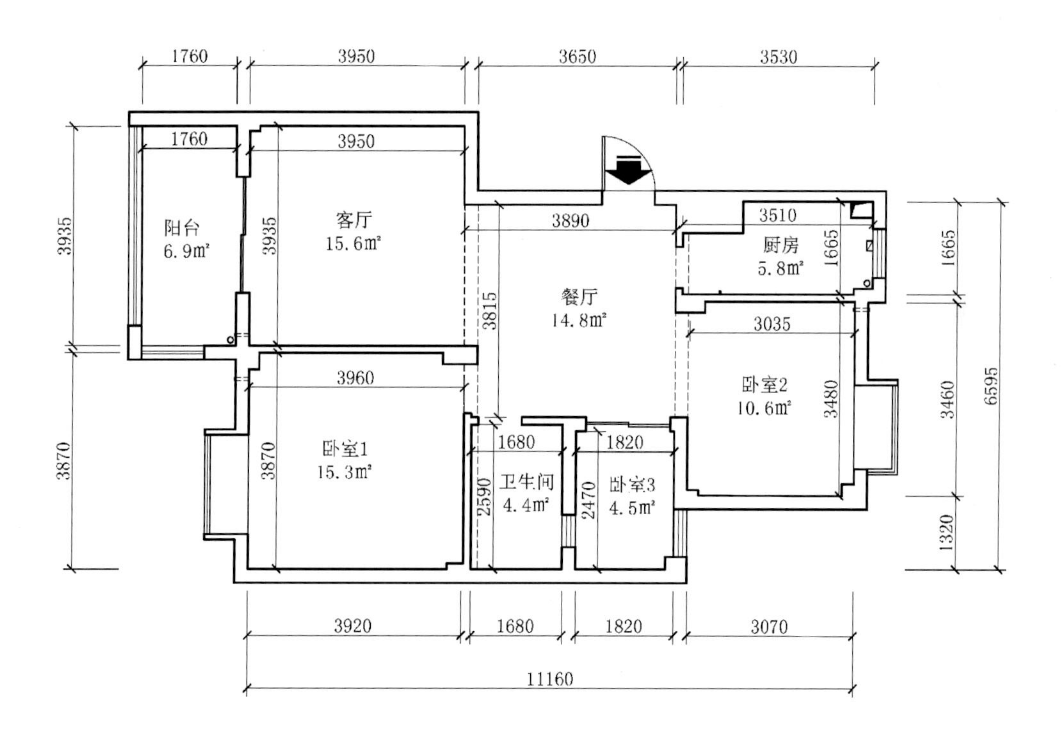

原始平面图

优缺点分析

优点： 户型方正，分布紧凑，畸零空间少，使用率高。

缺点： 儿童房面积太小，餐厅、卫生间通风、采光不佳。

方案16.1 低调的奢华，古朴的时尚

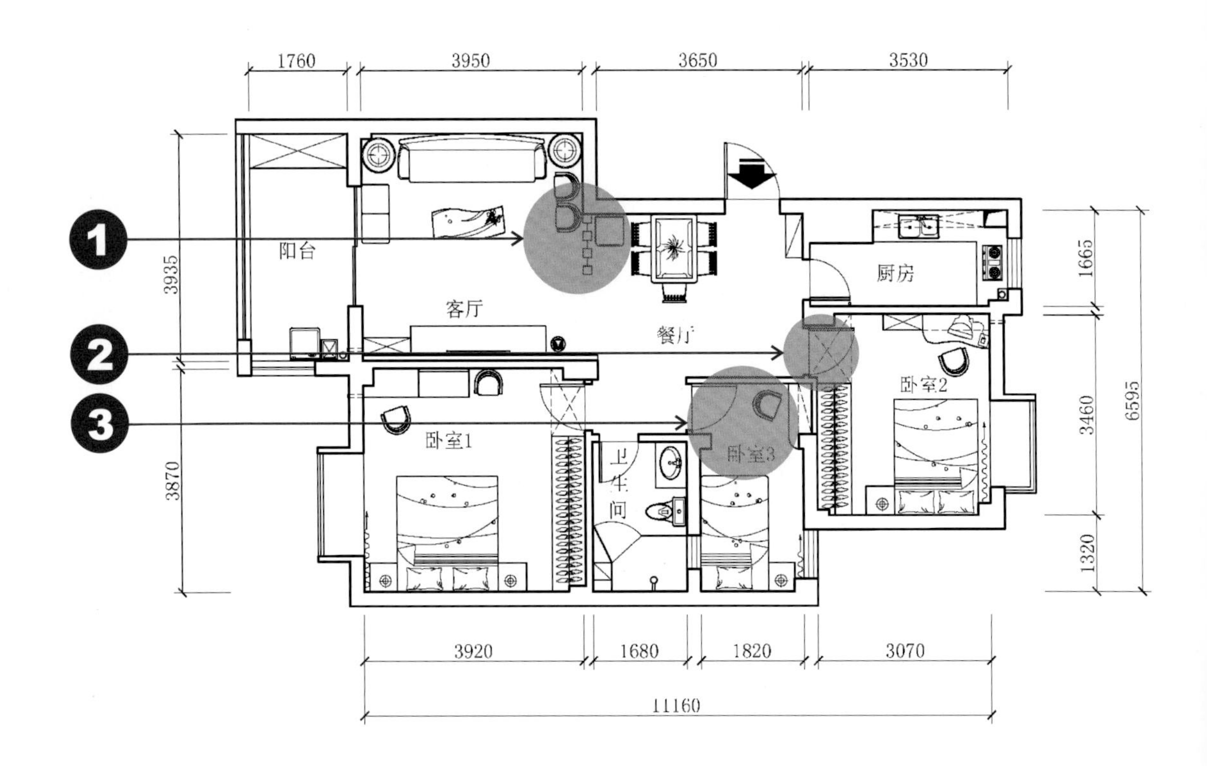

16.1 改造平面图

变身后的新形象诠释

❶ 在客厅与餐厅间设置实木格栅，对客厅与餐厅这两个功能区进行分隔。在起到分区的同时，镂空格栅的穿透性，保证了餐厅的采光与通风。

❷ 在卧室2与餐厅间留900mm宽供设置卧室2开门，其余部分以100mm厚石膏板制作隔墙。将卧室2作为居室的老人房。

❸ 拆除卧室3与餐厅间的推拉门及门两侧墙体，在卧室2新制作隔墙的垂直转角处继续以100mm厚石膏板制作新的隔墙，并设置开门。将新围合的卧室3作为居室的儿童房，扩大面积后的儿童房宽敞了许多，满足了孩子在卧室的日常活动所需。

↑客厅的沙发背景墙底部涂刷白色乳胶漆，将PVC喷绘装饰画壁纸与樱桃木相结合制成的造型钉制在乳胶漆墙面上，形成独具一格的艺术氛围

↑电视机背景墙铺贴石头墙图案的壁纸，效果逼真，乍一看电视机像挂在真正的石墙上，给人古朴、自然的感觉

↑墙面上铺贴的灰色仿古墙砖，斑驳的纹路充满古朴沧桑感，与鲜艳的黄色装饰画以及餐桌上精致的餐具形成强烈对比，令餐厅的视觉感更强

↑老年人常喜欢回忆过去的事情，所以在居室色彩的选择上，应偏重于古朴、色彩平和、沉着的室内装饰色

↑装饰工艺品在家居后期配饰中占着很重要的比例，往往几件新颖别致的装饰工艺物件能起到画龙点睛的效果。书桌前墙面上的装饰品为房间增添不少逸趣

↑儿童房的用色主要采用蓝色与白色的经典搭配，舒爽自然，给人一种非常小清新的感觉，仿佛置身于蓝天白云的梦幻世界，尤其深得小男孩喜爱

方案16.2 卧室与客厅的空间互换，带来全新的格局体验

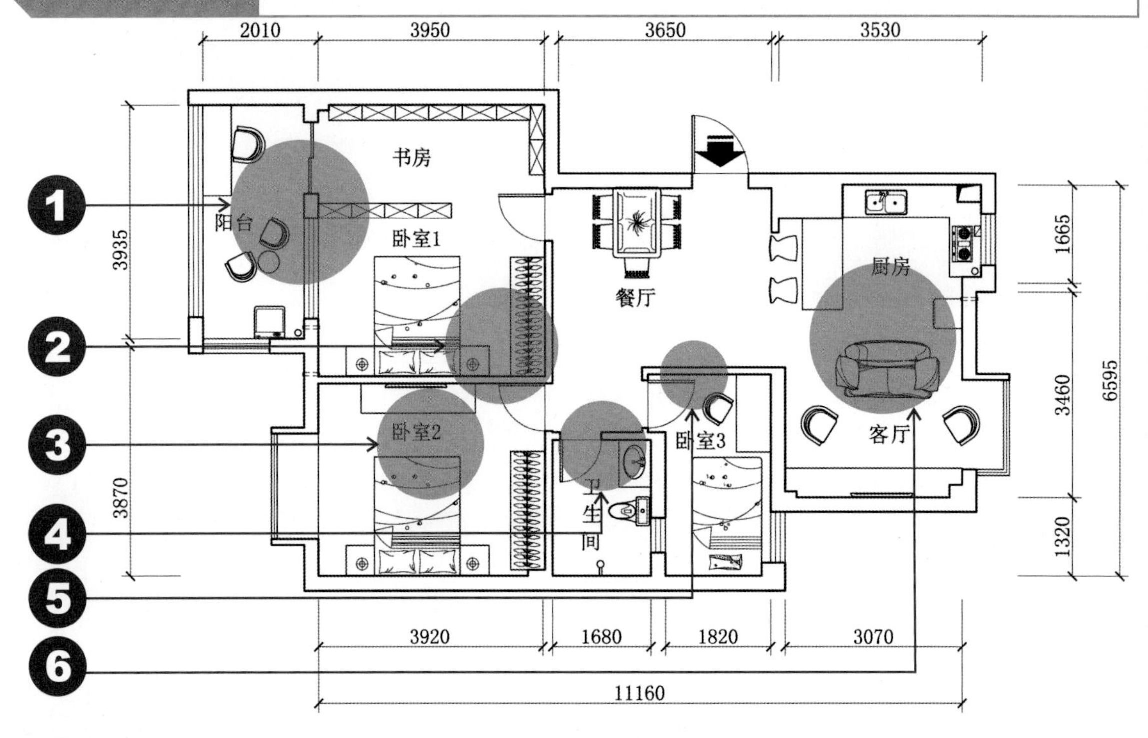

16.2 改造平面图

变身后的新形象诠释

❶ 拆除阳台与原客厅间的推拉门及部分隔墙，将靠北面的墙体保留200mm的长度作为阳台门的一侧墙体，接着设置长度为1200mm双扇推拉门及门的另一侧墙体，墙体的长度为420mm，接着以5mm+9mm+5mm厚中空玻璃设置长度为1700mm的窗户。

❷ 拆除原客厅与原卧室1间的隔墙，向原卧室1方向水平移动640mm，以100mm厚石膏板重新制作隔墙，并在新隔墙的垂直方向继续以100mm厚石膏板制作隔墙，设置开门。将新围合的房间作为新的集书房与主卧室于一体的卧室1区域。

❸ 拆除原卧室1与卫生间之间的部分墙体，将原卧室1重新设置为卧室2，并设置开门。

❹ 拆除卫生间与餐厅间的隔墙以及卫生间与卧室3间的部分隔墙，以100mm厚石膏板重新制作隔墙，并重新设置开门。

❺ 拆除卧室3与餐厅间的推拉门，重新设置卧室3的开门，并以100mm厚石膏板重新制作卧室3与餐厅间的隔墙。改造后，卧室3的面积得到增加。

❻ 拆除原卧室2与厨房间的墙体，同时拆除原卧室2中的飘窗台，将原卧室2重新分配为居室的客厅区域，与厨房形成开放式格局。

↑将原来的卧室改造成客厅，使原本的封闭式厨房与客厅、餐厅相通，打造一体式客、餐、厨空间，这样即使空间得到最大化利用，也使这三个公共空间流通更为便利

↑客厅电视机背景墙用石膏板制作造型，中间以深色勾缝，铺贴浅色订制壁纸，最后在壁纸上粘贴立体墙贴，形成层次丰富、别具一格的视觉效果

↑拆除厨房与餐厅间的隔墙后，在这两个功能空间之间设置吧台来作为分隔，既完美地进行了功能分区，又合理运用了空间

↑将客厅改造成主卧室，并适当扩大了主卧室的面积。同时，将阳台封闭后，改造成书房的一部分，宽裕的面积可供设置大面积的书柜，打造一个集书房与卧室于一体的室内空间

↑床头背景墙采用PVC喷绘装饰画壁纸，上压木龙骨外饰调色聚酯漆造型。在墙面装修前，可将自己喜欢图片的电子文件交给专业的喷绘壁纸生产厂商，订制个性化的家居壁纸

↑儿童房的面积较紧凑，因此没有太多的空间摆放装饰物件。为了不显得单调、空洞，在墙面上挂置装饰搁板造型，既丰富了空间，又增加了卧室的收纳功能

方案16.3 黑、白、灰营造出的优雅时尚

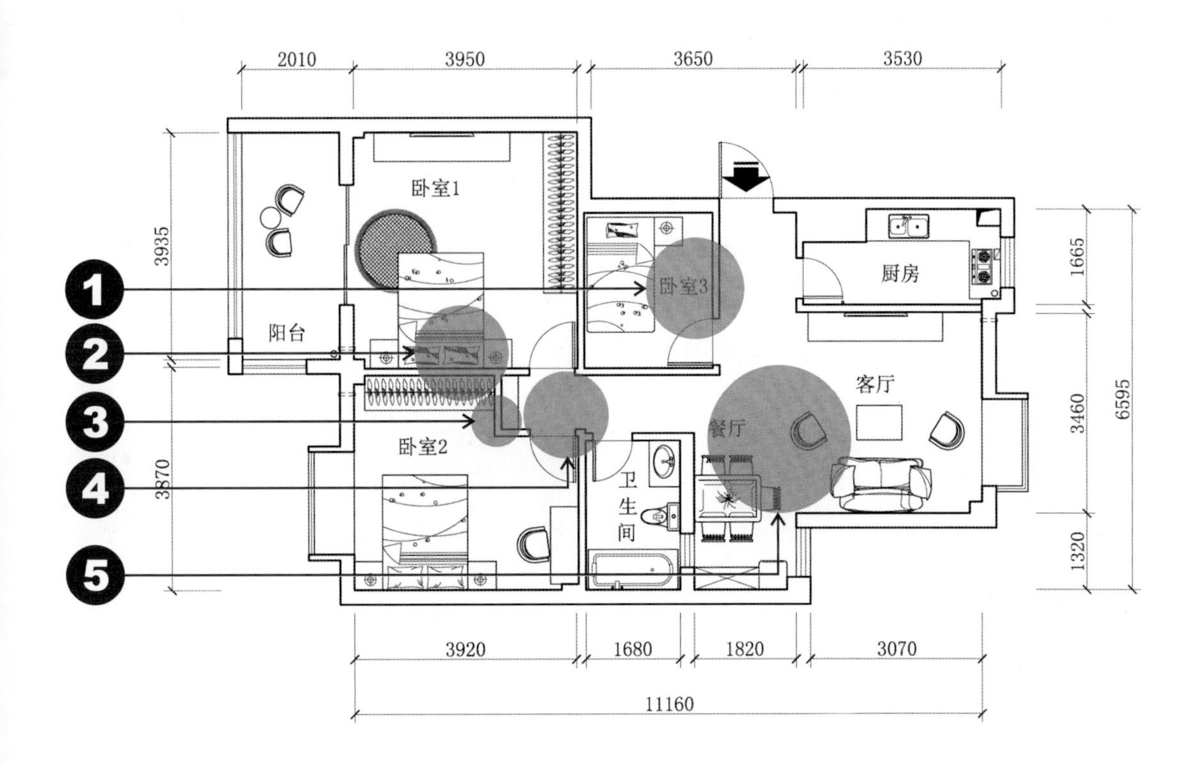

16.3 改造平面图

变身后的新形象诠释

❶ 以100mm厚石膏板沿入户大门旁的墙体延长线制作隔墙，并设置开门。同时，在新砌筑墙体的垂直方向以100mm厚石膏板制作隔墙。将新围合的区域作为新的卧室3空间，成为居室的儿童房。

❷ 拆除原客厅与原卧室1间的隔墙，在原隔墙向原卧室2方向水平移动160mm处，以100mm厚石膏板重新制作隔墙，并设置开门。同时，以100mm厚石膏板沿原客厅东面外墙的边缘制作隔墙。将新围合的区域作为新的卧室1空间，成为居室的主卧室。

❸ 在卧室1门的西侧墙体向西620mm处，垂直向原卧室1方向，以100mm厚石膏板制作隔墙。

❹ 设置卧室开门，同时以100mm厚石膏板制作开门的另一侧隔墙，将新围合的区域作为新的卧室2空间，成为居室的老人卧室。

❺ 拆除原卧室3与原餐厅间的隔墙及推拉门，同时拆除原卧室3与原卧室2之间的隔墙。将原卧室3重新分配为餐厅区域，将原卧室2重新分配为客厅区域。

↑客厅的手绘背景墙能给来访的客人一种独特的视觉冲击力。时下在家庭手绘中，用家庭内墙乳胶漆加色浆代替传统壁画颜料作画已成发展趋势

↑黑白灰的搭配往往效果出众，可以很好地营造柔和的空间氛围，是打造素雅空间的好方法。为避免过于僵硬，可以摆放一些可爱的绿植、花卉

↑餐厅以米色、灰色、白色为基本色调，以此来营造宁静、柔和的空间氛围，却也让整个空间色彩缺失重量感，而墙上黑色造型的灯具正好使空间的整体色彩得到平衡

↑卧室的墙面采用低纯度的灰色与白色搭配，给人素雅、安宁的感受，具有低调感。而墙脚高纯度的黄色矮柜，打破了空间中原本的单调，增添了活力

↑将床周围的部分墙体凿开，做成内凹形壁柜，为卧室增加了一定的收纳功能。同时，壁柜表面涂饰的颜色与卧室墙面颜色形成强烈对比，成为卧室视觉中心

↑卧室床头背景墙上的装饰画，以鹿、孔雀以及嫩绿的植物为元素，在中国传统文化中，鹿和孔雀都是极受青睐的动物，它们象征着福禄吉祥

案例 17 让设计来弥补缺憾

从一居室到三居室的完美蜕变

户型档案

这是一套一居室户型，建筑面积约为85m²，一室两厅，含卧室一间，客厅、餐厅、厨房、卫生间各一间，朝南面及北面的阳台各一处。

主人寄语

这是一套二手房，只是简单划分出一间卧室。其实第一眼在中介带领下看到这套房时，心里已经决定放弃了，因为对于我们这个即将由四口之家迈入五口之家的家庭来说，一间卧室肯定是不切实际的。出于礼貌地要了户型图和一些简单资料。回来后，和家人仔细琢磨了一下，发现确实如房产中介的销售人员所说，这套户型其实可变性挺高的，完全可以变换出三间卧室来，所以希望通过专业室内设计师的改造，能将这套一居室改造成舒适、合理的三居室。

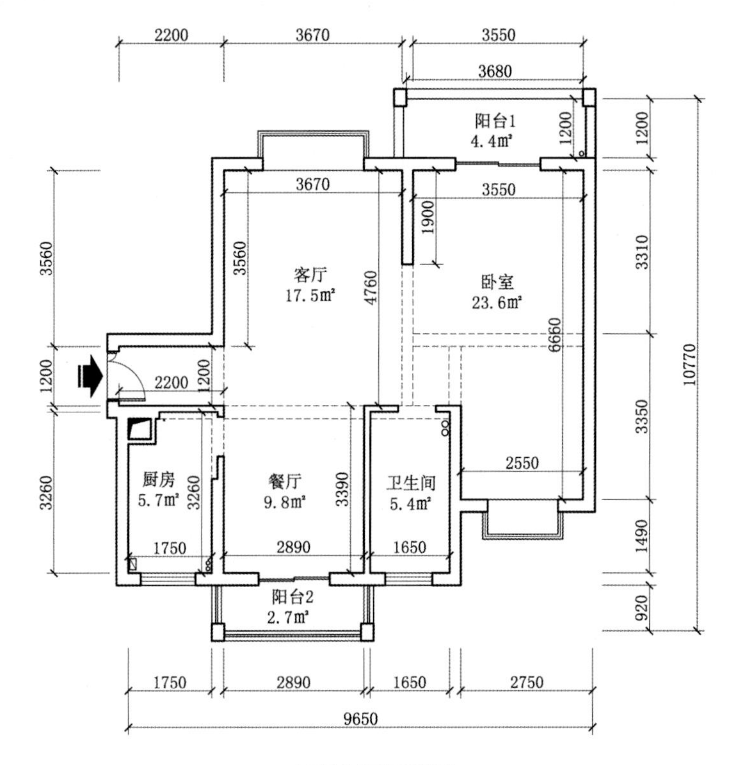

原始平面图

优缺点分析

优点：南北通透，通风、采光良好，室内空间浪费少，使用率高。

缺点：空间格局划分不合理，卧室数量太少。

方案17.1 利用挂帘分隔出的多功能空间格局

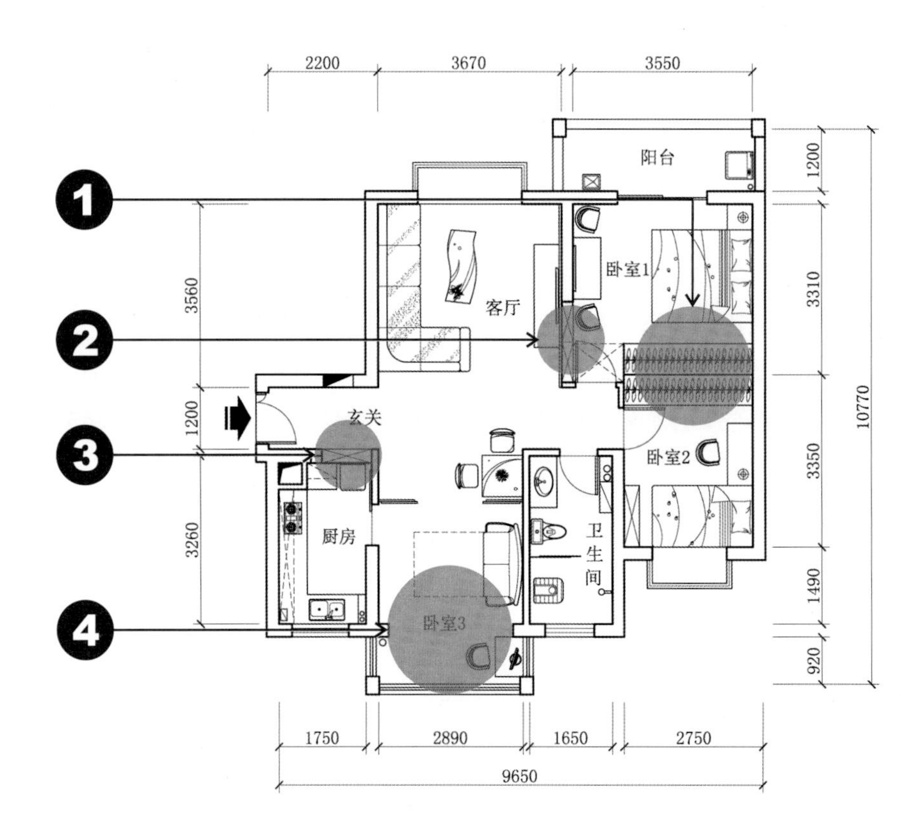

17.1 改造平面图

变身后的新形象诠释

❶ 在原卧室中，在入户大门以北的外墙向原卧室方向的水平延长线上，以100mm厚石膏板制作隔墙，并设置开门。同时分别向两个方向设置600mm厚的衣柜，以柜体代替隔墙，最大化利用空间。

❷ 在原卧室与客厅间设置装饰柜，使装饰柜的厚度与隔墙厚度相等，以柜体代替隔墙，增加卧室的收纳功能。

❸ 拆除厨房与入户走道间的部分隔墙，在墙内设置鞋柜代替隔墙。同时以100mm厚石膏板制作鞋柜一侧厨房与原餐厅间的隔墙，使隔墙长为800mm，拆除厨房与原餐厅间的部分隔墙，留足800mm宽的距离用来设置厨房的推拉门。

❹ 拆除原餐厅与原阳台2间的部分隔墙，将原阳台2并入室内，将原餐厅重新分配为新的卧室3区域。

↑现代简约风格的色彩搭配主张“少即是多”，色彩的格调需保持统一。客厅中以深褐色作为基调，以白色、灰色等色彩作点缀，体现出一种温柔、干练的风格

↑客厅的电视机背景墙以干挂法铺贴大理石，大理石天然的纹理和光滑的触感，在使居室内空间显得高端大气的同时，对于后期的清洁维护也比其他墙面材料有优势

→将原来的餐厅改造成一间集客卧、书房于一体的多功能房间，宽大舒适的沙发展开后可当作床使用。以垂挂式窗帘代替传统隔墙作分隔，在最大化利用空间的同时，也增添了温馨的家居氛围

→将朝南面的阳台并入室内，大大增加了室内的可用空间。在阳台边设置一张书桌，充裕的采光和开阔的视野让学习更富趣味

↑在设计和挑选室内装修的后期配饰时，一定要与居室的整体风格相协调。卧室中不论是床头背景墙上的装饰相框或墙贴，还是床上的织物，都遵循着这一原则，与卧室中装修风格相协调

↑次卧室中的窗户朝南面，光线较强，可采用双层窗帘，以根据不同需要及不同时间，选择拉上里层窗帘，这样既避免了视线受到干扰，又保证了采光

方案17.2 小空间，大容量，让空间更具魔性

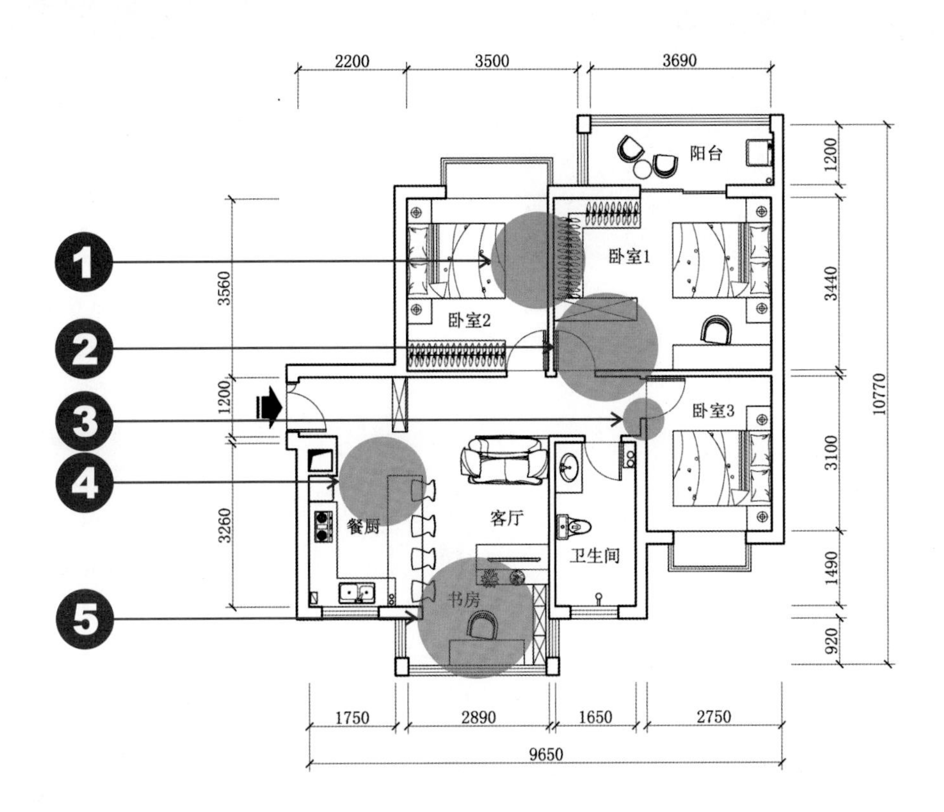

17.2 改造平面图

变身后的新形象诠释

❶ 拆除原客厅与原卧室间的隔墙，以100mm厚石膏板沿原客厅飘窗东侧外墙边缘制作新的隔墙。同时以100mm厚石膏板沿入户大门北侧外墙延长线制作隔墙，并设置开门。将新围合的区域分配为卧室2，成为居室的老人房。

❷ 在原卧室中，沿相邻卧室2的开门边墙体的水平延长线，以100mm厚石膏板制作隔墙，并设置开门。将新围合的区域分配为卧室1，成为居室的主卧室。

❸ 以100mm厚石膏板制作隔墙，并设置开门。将新围合的区域分配为卧室3，成为居室的儿童房。

❹ 拆除原厨房与入户走道间的部分隔墙，同时拆除原厨房与原餐厅间的隔墙。将原餐厅重新分配为新的客厅区域，打造客厅与餐厨的开放空间。

❺ 拆除原餐厅与原阳台2间的隔墙及推拉门，将原阳台2并入室内，为居室增添一处书房空间。

↑为了增添一处独立书房的空间，只好省略掉电视背景墙。客厅缺少了重要亮点，而墙面上醒目的PVC喷绘装饰画壁纸正好弥补了这一缺憾

↑将厨房与客厅的隔墙拆除后，以柜式餐桌作为空间分隔，它既能用作餐桌，又能当作厨房的操作台，同时也为书房的设立提供了空间

↑将阳台并入室内，以5mm+9mm+5mm厚中空玻璃封闭阳台，将居室的北面阳台改造成为一个具备独立功能的书房，以挖掘每一寸可用空间

↑卧室墙面上的仿砖壁纸，渲染出一种传统、古朴的自然气息，与室内充满时尚感的装饰画、灯具及床上用品，形成鲜明的对比，体现一种和谐美

↑主卧室中的衣柜采用直径为18mm的钢管制作，相比传统木质衣柜，优点是省去了柜门所占空间，同时也更时尚、个性；缺点是承重力相对较差，防尘较差

↑床头背景墙底面涂饰浅乳胶漆，上面以小块的陶瓷锦砖贴面。棕色的陶瓷锦砖拼成的图案浮于浅米色的乳胶漆上，这种同一色系的深浅搭配让色感更和谐

方案17.3 简欧与简约，两大风格融合出不简单的时尚

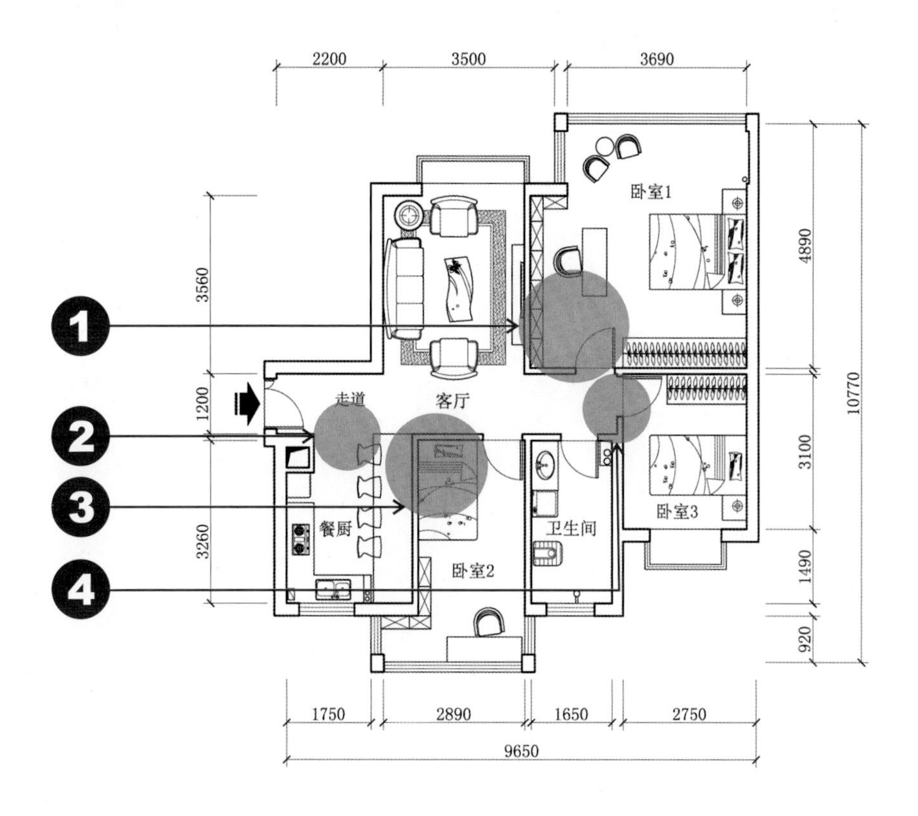

17.3 改造平面图

变身后的新形象诠释

❶ 拆除原客厅与原卧室间的隔墙，以100mm厚石膏板沿原客厅飘窗东侧外墙边缘制作新的隔墙。同时在原卧室中以100mm厚石膏板沿入户大门北侧外墙延长线制作隔墙，并设置开门。拆除原卧室与原阳台1间的隔墙及推拉门，将原阳台1并入室内。将新围合的区域分配为卧室1，成为居室的主卧室。

❷ 拆除原厨房与入户走道间的部分隔墙，将厨房改造为一体式餐厨空间。

❸ 拆除原厨房与原餐厅间的隔墙，以100mm厚石膏板沿原阳台2推拉门以西墙体垂直方向制作隔墙，同时以100mm厚石膏板制作垂直方向隔墙，并设置开门。拆除原餐厅与原阳台2间的隔墙及推拉门，将原阳台2并入室内。将新围合的区域分配为卧室2，成为居室的老人房。

❹ 以100mm厚石膏板制作隔墙，并设置开门。将新围合的区域分配为卧室3，成为居室的儿童房。

↑铁艺装饰是简欧风格里一个必不可少的装饰手法，欧式铁艺枝灯特有的古朴的外形和柔和的光线，给客厅增添了独特的欧式风情

↑客厅在配色上采用棕色、黄色、米色等较为相近的类似色作为主色彩，营造出协调、平和的氛围。这些配色方法适用于客厅、书房和卧室

↑将用于铺贴地面的实木地板用在卧室的顶面，是现代简约风格比较常用的手法。在施工时，可以在顶面先贴一层细木工板，然后将实木地板钉在细木工板上即可。施工中需要注意墙面或顶面地板的收口问题

↑厨房墙面铺贴仿墙砖图案的壁纸，餐桌下方也是铺贴的同系列仿墙砖图案壁纸，与墙面挂置的艺术气息浓郁的装饰画及时尚精美的厨具、餐具形成鲜明对比，呈现一种古朴与现代碰撞出的美感

↑将客厅的部分空间及阳台并入卧室中后，主卧室的面积得到很大的增加。卧室里可以容纳一个超大的书柜，相当于给家里新增了一个书房

↑以欧式风格中的罗马柱为元素，在卧室中运用实木制作罗马柱造型作装饰，为卧室增添了高贵的欧洲贵族气质

案例18 挖掘小户型中的富余地

将阳台引入室内，给阳台最好的归宿

户型档案

这是一套三居室户型，建筑面积约为80m2，三室一厅，含卧室三间，餐厅、厨房、卫生间各一间，朝南面阳台两处，朝北面的阳台一处。

主人寄语

这套房子最大的优势是建筑面积虽仅有$80m^2$，但是却有三间卧室，这应该也正是这类公寓房的特征了。缺点是房间面积比较小，对于租房的人来说，一个人住还凑合，但是对居家来讲，舒适性就差强人意了。另外，除了卫生间和厨房外，只有一块用于日常用餐、通行等用途的公共空间，如果将这块空间用于餐厅和客厅区域，面积又过小。虽然对它有许多不满意的地方，但是因为价格确实令我心动，另外，毕竟在这住了几年了，工作、生活都已经习惯了，所以思虑再三还是买下了它。希望通过改造后能让它在居住方面更舒适。

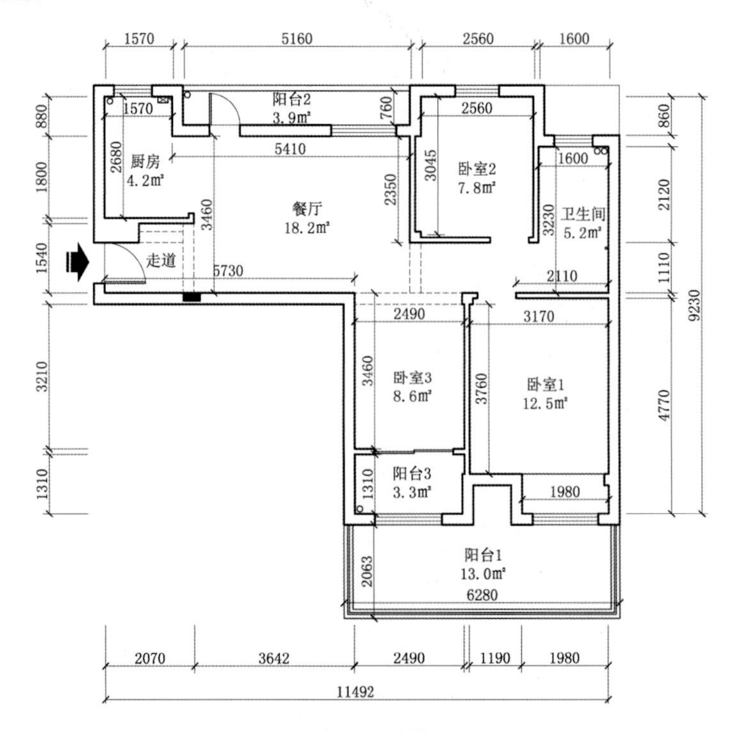

原始平面图

优缺点分析

优点： 附赠了三个阳台，大大增加了可利用面积。

缺点： 卧室面积小，没有客厅。

方案18.1 给家里增添书房与客房合二为一的多功能空间

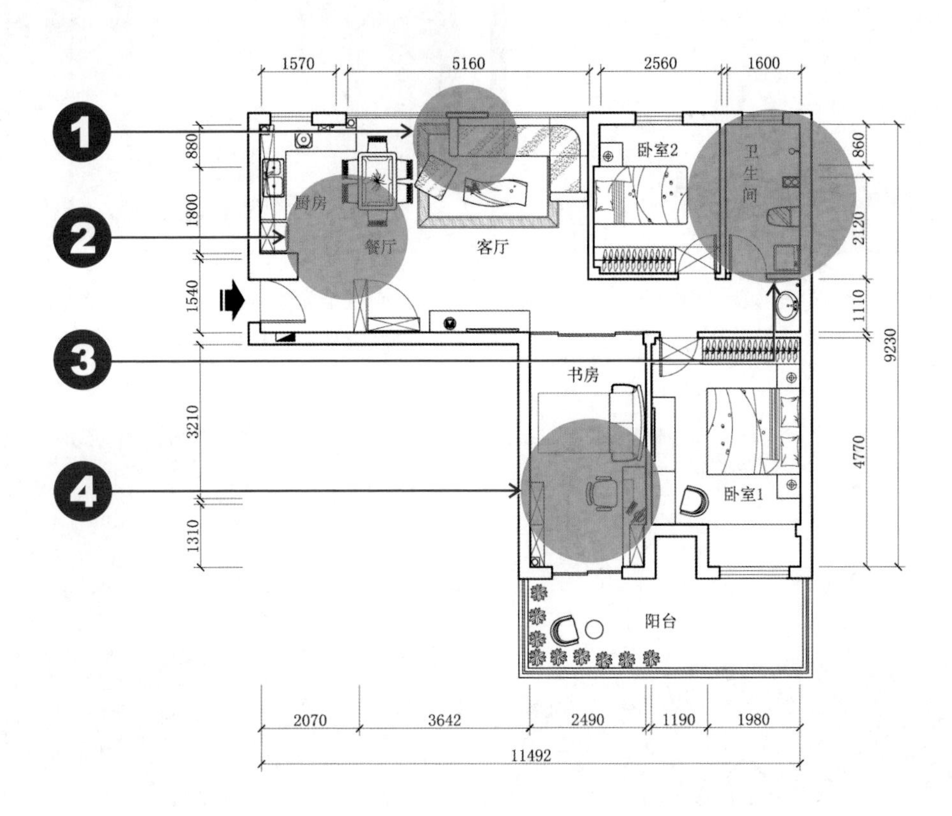

18.1 改造平面图

变身后的新形象诠释

❶ 拆除厨房与原阳台2间的隔墙，同时拆除原餐厅与原阳台2间的隔墙、开门及窗户，将原阳台2并入室内，以大大增加室内空间，解决了没有客厅的缺憾。

❷ 拆除厨房与入户走道间的部分隔墙，打造开放式厨房、餐厅、客厅空间。

❸ 拆除卫生间与原室外平台间的隔墙及窗户，将室外平台并入室内，并设置窗户，以增加室内使用面积。同时以100mm厚石膏板制作隔墙，使其与卧室2与走道间的隔墙在同一水平线上，并设置卫生间开门，将卫生间进行干湿分区。

❹ 拆除原卧室3与原阳台3间的隔墙及推拉门，同时拆除原阳台3与原阳台1间的窗户，在此重新设置通往阳台的推拉门。将扩大面积后的卧室3重新分配为新的书房区域。

↑客厅的墙面铺贴PVC喷绘装饰画壁纸，具有中国传统意韵的花鸟鱼草图案所具有的生动形态，可以丰富空间的视觉层次

↑客厅电视柜旁倚墙设置柚木制作的博古架，用于陈列各种装饰品、古玩以及有趣的书籍等，彰显着居室主人的高雅品位

↑厨房中的橱柜采用中性色黑白灰搭配，传达出一种时尚的现代感，而相邻的餐桌椅则保留着原木的色彩与纹理，时尚与古朴相搭配，营造出强烈的视觉效果

↑将相邻的小阳台并入室内，打造出一个宽阔的书房空间，摆放沙发后，这里既可用于日常小憩，又可当作临时客房

↑朝南面的阳台，光线充足，满足了各种植物的光照需求。在这里种上各种绿植，摆放两把吊篮，可悠然地享受悠闲时光

↑推拉门衣柜又叫滑动门衣柜、移门衣柜，是目前最流行的卧室衣柜形式，具有节省空间、使用方便、结构稳定等特点

方案18.2 空间分配因需而设，量身打造专属之家

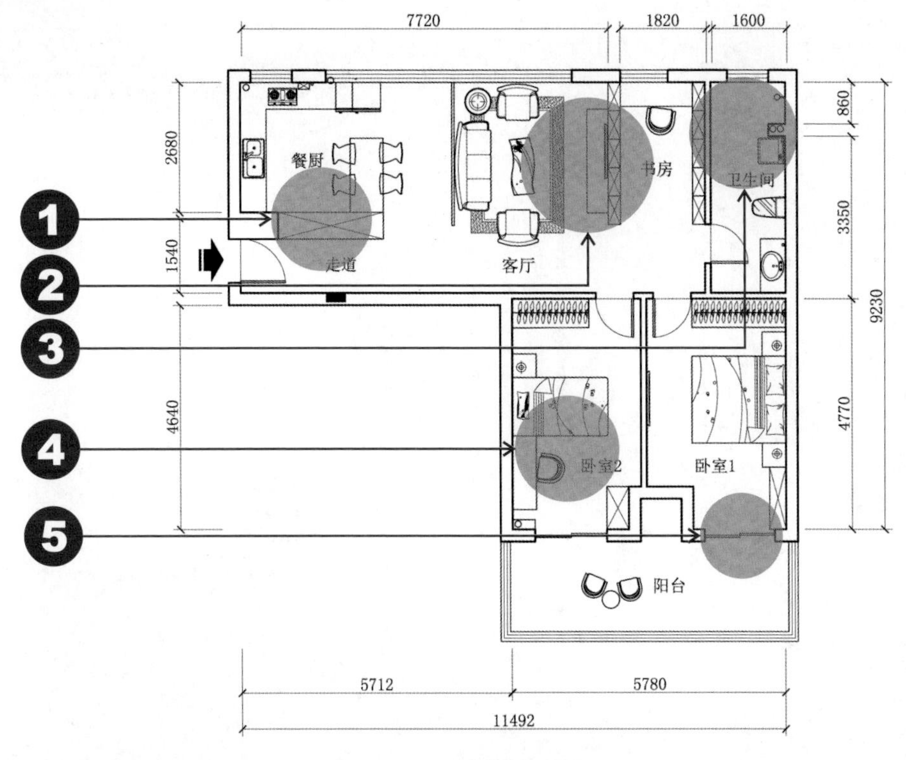

18.2 改造平面图

变身后的新形象诠释

❶ 拆除原厨房与入户走道间的部分隔墙，设置宽度为550mm的装饰柜，装饰柜既可作厨房的收纳柜，又可用作入户走道的鞋柜。

❷ 拆除原厨房与原阳台2间的隔墙，同时拆除原餐厅与原阳台2间的隔墙、开门及窗户，拆除原卧室2与原阳台2、原餐厅及走道间的隔墙，将这部分空间打通，以镂空隔断及柜体作空间分隔，最大化利用空间。

❸ 拆除卫生间与原室外平台间的隔墙及窗户，将原室外平台并入室内，以增加室内使用面积。同时拆除卫生间与原卧室2间的部分隔墙，以100mm厚石膏板制作隔墙，并设置卫生间开门。将洗衣机设置在面积扩大后的卫生间内，更方便日常清洗工作。

❹ 以100mm厚石膏板制作原卧室3隔墙及开门，使其与卧室1与卫生间的隔墙在同一水平线上。拆除原卧室3与原阳台3间的隔墙及推拉门，同时拆除原阳台3与原阳台1间的窗户，在此重新设置通往阳台的推拉门。将扩大面积后的原卧室3重新分配为新的卧室2区域，成为居室的次卧室。

❺ 拆除卧室1与原阳台1间的窗户，在此重新设置通往阳台的推拉门，将卧室1设置为居室的主卧室。

↑在客厅与餐厅间以镂空实木造型屏风作为分隔，既在视觉上进行了功能空间的划分，同时，镂空的屏风让不同功能的空间隐约可见，起到了空间“互借”的作用

↑客厅与书房间的装饰柜，既充当了书房的书柜，又用作了客厅电视机背景墙的装饰柜，美观的同时又为居室增加了更多的收纳功能

↑厨房以白色作为整体环境基色，白色具有干净、整洁的色彩印象，对提高用餐情绪有着推进作用。深色的餐桌椅平衡了大面积白色造成的轻飘感

↑拆除卧室与客厅间的隔墙，将卧室中的一部分匀给客厅，以大面积书柜代替隔墙作为分隔，打造一个既独立又开放型的书房，超大容量的书柜满足家庭藏书的需求

↑主卧室在用色方面使用类似色的搭配法，以棕色、黄色、米色等这些同一色系的类似颜色相搭配，营造出温馨、和谐的空间氛围

↑次卧室的整体为怀旧风设计。素雅的色调搭配做旧的家具，桌上枯萎灰暗的仿真植物更是增添了古朴、沧桑的古典意味

方案18.3 简约里的现代田园家

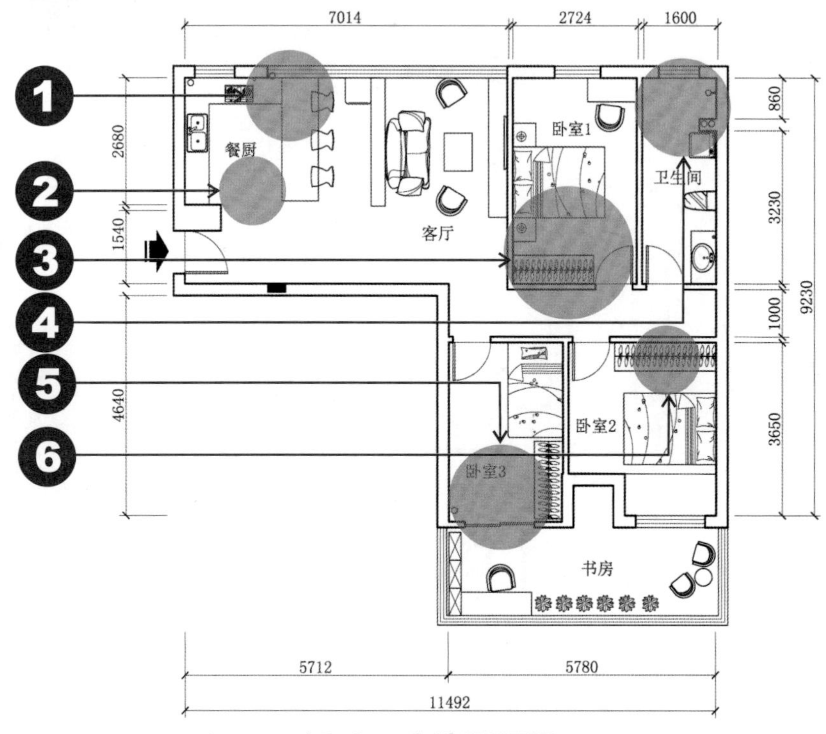

18.3 改造平面图

变身后的新形象诠释

❶ 拆除原厨房与原阳台2间的隔墙，同时拆除原餐厅与原阳台2间的隔墙、开门及窗户，拆除原卧室2与原阳台2、原餐厅及走道间的隔墙，将这部分空间打通，以镂空隔断及柜体作空间分隔，最大化利用空间。

❷ 拆除原厨房与入户走道间的部分隔墙，打造开放式厨餐、客厅空间。

❸ 拆除原卧室2与走道间的隔墙及开门，以100mm厚石膏板重新制作隔墙，使其与卫生间与原卧室1间的隔墙在同一水平线上，并重新设置开门。拆除原卧室2与原阳台2及原餐厅间的隔墙，以100mm厚石膏板重新制作隔墙。拆除原卧室2与卫生间的部分隔墙，以100mm厚石膏板重新制作隔墙。将新围合的区域作为新的卧室1区域。

❹ 拆除卫生间与原室外平台间的隔墙及窗户，将原室外平台并入室内，增加室内使用面积。拆除卫生间与原卧室1间的部分隔墙，设置卫生间开门。将洗衣机设置在面积扩大后的卫生间里，更方便日常清洗工作。

❺ 在卧室3中以100mm厚石膏板制作卧室3与走道间的隔墙，使走道宽度为1000mm，并设置卧室3开门。拆除卧室3与原阳台3间的隔墙及推拉门，同时拆除原阳台3与原阳台1间的窗户，重新设置通往阳台的推拉门。

❻ 以100mm厚石膏板制作原卧室1与卫生间的隔墙，并设置开门。

↑客厅的光源以顶面吊灯为主光源，沙发旁的金属落地灯为局部照明的辅助光源。金属落地灯具有良好的耐用性，使用寿命长，清洁维护简单，是家用落地灯的最佳选择

↑客厅的电视机背景墙采用石膏板表面涂饰白色硝基漆的造型并内嵌5mm厚彩釉玻璃，白色硝基漆与黑色彩釉玻璃具备着同样光洁的质感，形成对立又和谐的美感

↑白色烤漆橱柜柜门与人造石台面餐桌，搭配铁质餐椅，以及现代时尚的厨具、餐具，在厨房里完美诠释了现代工业与大自然的完美结合，带来时尚的气息

↑床头背景墙采用深灰色皮质软包与浅色壁纸组合而成，将两种在颜色和质感上相差甚远的材质相搭配，打造了独特的个性化空间氛围

↑高低床解决了有两个孩子却房间不够的烦恼。随着二胎政策的放开，越来越多的家庭开启了二孩计划。因此，可以在装修时设计一张儿童高低床有备无患

↑在阳台上种上色彩鲜艳夺目的各类花卉植物，并设置书桌椅及造型美观独特的多功能书柜，将书房安在花香四溢的阳台中，在这样的环境中学习、工作，惬意至极

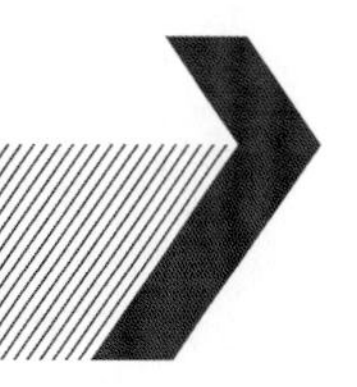

案例 19 随心所欲变化布局

完美改造奇葩学区房

户型档案

这是一套一居室户型，建筑面积约为$85m^2$，一室两厅，含卧室一间，客餐厅、厨房、卫生间各一间，朝北面的阳台两处。

主人寄语

对于80余平方米的一居室，我们当然是不满意的，可是没有办法，为了孩子的未来考虑，只能以大局为重了。在至少未来六年内，我们一家三口都将在这里居住，我们一家的年龄结构分别是：40岁左右的中年夫妻和一个12岁的孩子，所以家里需要两间卧室。如果可能，再多一间独立的书房是最好了。希望设计师在进行设计改造时，能根据我们家的现实情况，将这套不完美的户型，尽量改造成舒适的居室。

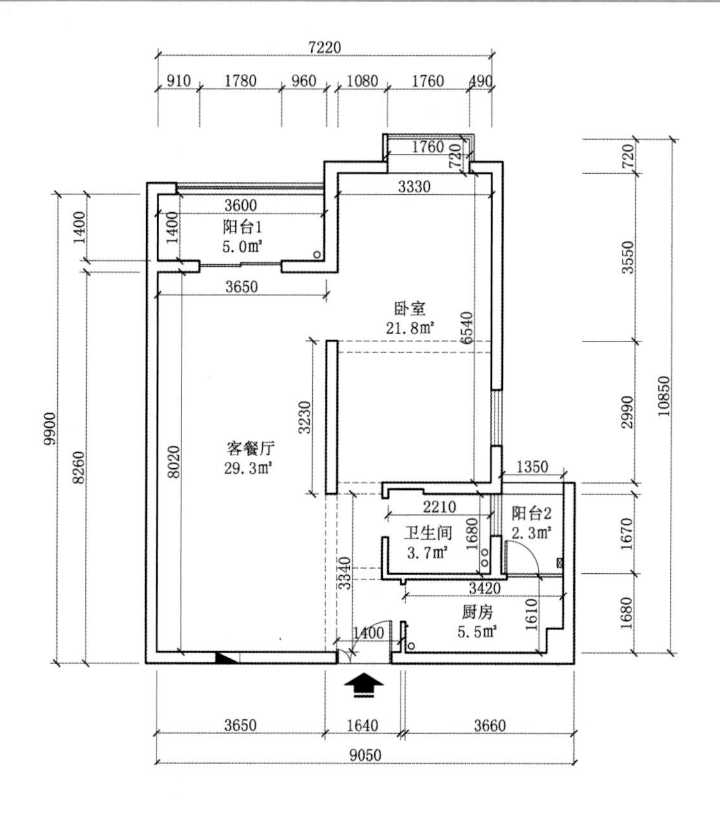

原始平面图

优缺点分析

优点：分区合理，空间可塑性强。

缺点：房间太少，室内通风、采光不佳。

方案19.1 卧室一变二，仅需两个超大衣柜

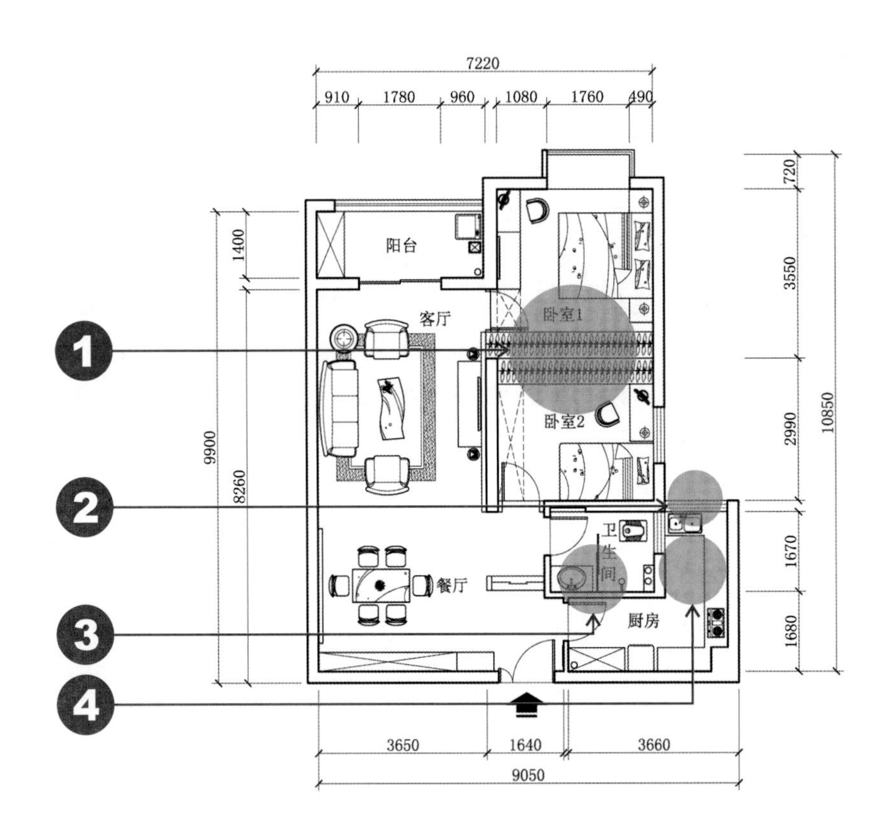

19.1 改造平面图

变身后的新形象诠释

❶ 以客厅与卧室间的隔墙边缘线为中轴线，分别向两侧设置厚度为550mm的衣柜，将卧室分隔为两间新的卧室，并分别设置两间新卧室的开门。原来的一居室变为两居室，解决了卧室不够的实际问题。

❷ 以5mm+9mm+5mm厚中空玻璃对原阳台2进行阳台封闭，将原室外阳台2变为室内空间，以增大室内的使用面积。

❸ 在卫生间中以钛镁合金推拉门中间镶嵌5mm厚钢化玻璃，将卫生间分隔为干湿两个区域。

❹ 拆除厨房与原阳台2间的隔墙及开门，将原阳台2并入厨房中，打造时尚宽敞的U形厨房。

↑客厅的沙发背景墙采用木龙骨外饰黑色聚酯漆造型，并镶嵌5mm厚钢化玻璃镜，玻璃镜面能让空间在视觉上起到放大的效果，使客厅看起来比实际面积要宽敞许多

↑客厅在色彩搭配上使用低彩度的配色，以浅木色、白色、黑色为主要基色。低彩度的配色可以烘托出强烈的时尚感，个性且经典

↑对于小户型而言，受空间面积的局限，餐厅和客厅一般都没有做明显的分区。为了在视觉上将这两个具有独立功能的区域进行划分，使用不同的色彩搭配可以在视觉上进行功能分区

→将原来的一间卧室分隔成两间卧室后，单个房间面积就不是那么宽裕了。为了最大化使用空间，以衣柜代替隔墙进行空间分隔，而推拉门式的衣柜在这里恰到好处地发挥了它的优势

→在墙面挂置装饰隔板造型，不仅能起到美化空间的作用，对于面积较小的房间来说，更具备很好的收纳功能

→百叶窗具有不占空间、开关自如的特点，适用于面积较小的卧室或儿童房。由横向板条组成的百叶窗，只要稍微改变一下板条的旋转角度，就能改变采光与通风

方案19.2 日式大书房带来的别样生活

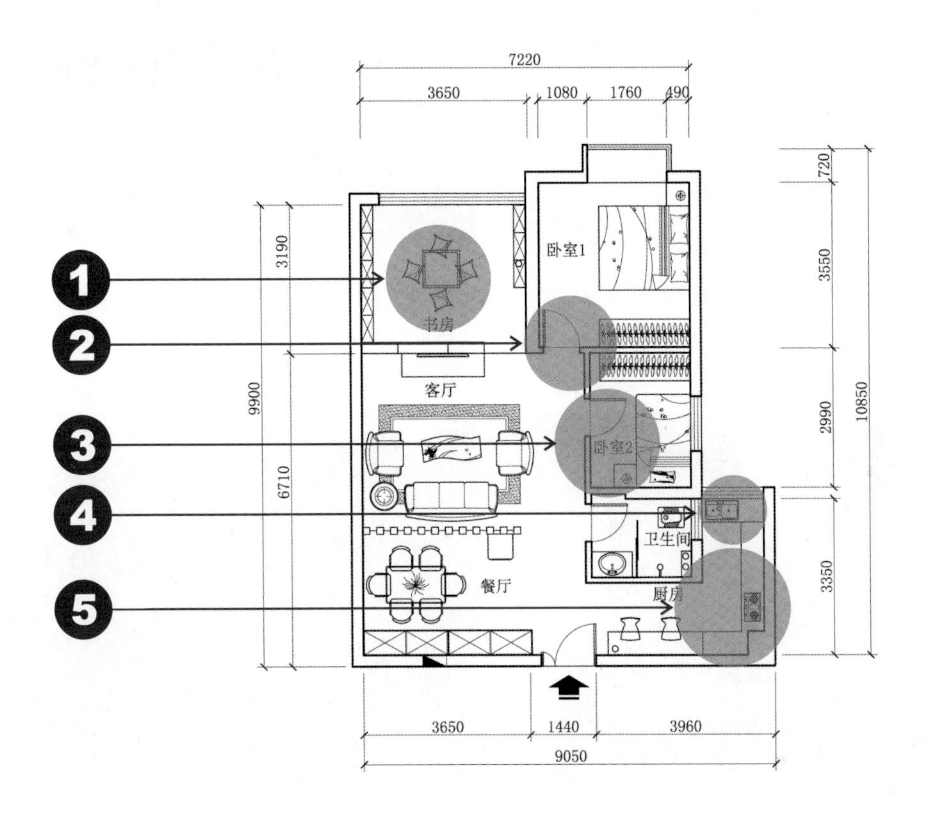

19.2 改造平面图

变身后的新形象诠释

❶ 拆除客厅与原阳台1间的隔墙及推拉门，同时将客厅与卧室间的过道以墙体封闭，将原阳台1并入室内后，改造成为书房的一部分。

❷ 拆除客厅与卧室间的隔墙，在新设置的书房与卧室隔墙垂直方向，以100mm厚石膏板在卧室中制作隔墙，并设置开门。将新围合的区域分配为新的卧室1空间，成为居室的主卧室。

❸ 以100mm厚石膏板制作隔墙，并设置开门，使门的一侧墙体与卧室窗户一侧墙体在同一水平线上。将新围合的区域分配为新的卧室2空间，成为居室的次卧室。

❹ 以5mm+9mm+5mm厚中空玻璃对原阳台2进行阳台封闭，将原室外阳台2变为室内空间，增大室内的使用面积。

❺ 拆除厨房与原阳台2间的隔墙及开门，将原阳台2并入厨房中，打造时尚宽敞的U形厨房。

↑用实木制作的格栅将客厅与餐厅作空间分隔，格栅所独有的穿透性，使居室氛围朦胧优雅不沉闷，创造出光与影的朦胧之美

↑书房的地面用50mm×70mm木龙骨与18mm厚木芯板作基层，制作一个高度为250mm的地台，以地面的高度差将书房与客厅进行功能分区

↑餐厅以黄色系为主色调，且又用它的对比色紫色与之搭配。黄色的比例明显大于紫色，同时巧妙地利用黑色、白色、灰色这些中性色彩来调和，形成和谐之美

↑柔和、温暖的黄色系一直是日式风格装修中的常用色，虽然没有绚丽多彩的颜色装饰，但米色、亮黄色、姜黄色、棕黄色等层次丰富的黄色，看似简洁而不单调

↑将阳台并入室内，把这里打造成一个光线充足的书房，中间摆上低矮的小桌和几块极具日式风格的坐垫，身处其中可享受轻松惬意的日式慢生活

↑日式灯具一般采用清晰的线条，使居室的布置带给人以优雅、清洁的感受，且具有较强的立体几何感，形成了独特的家居风格

方案19.3 奢侈想法，一居室里的大变身

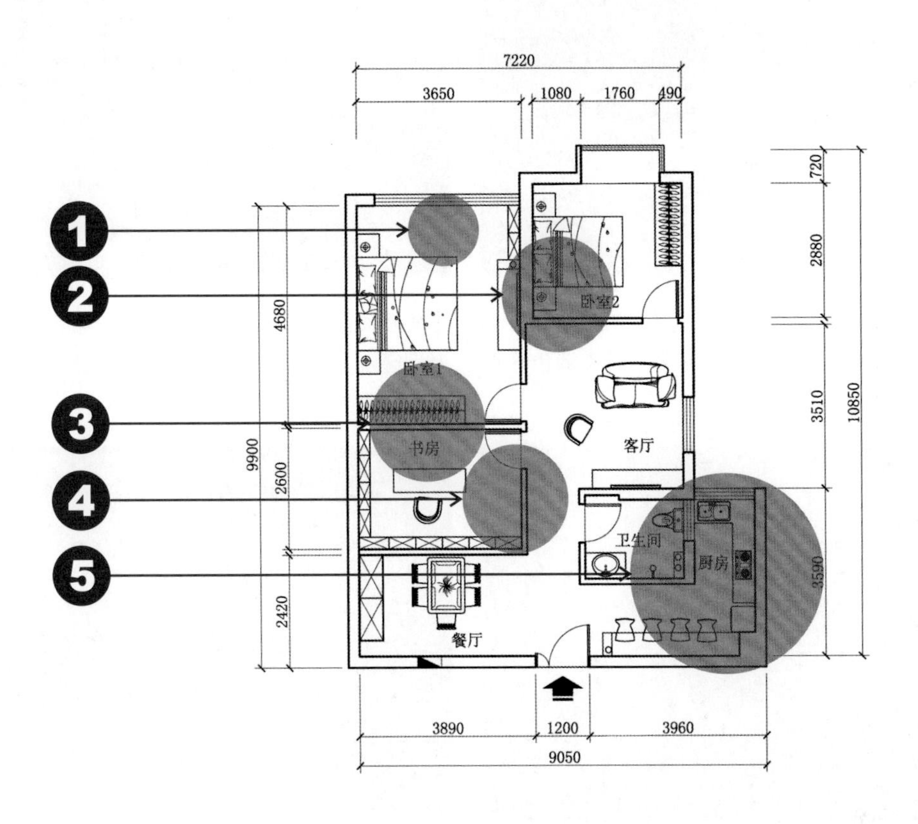

19.3 改造平面图

变身后的新形象诠释

❶ 拆除原客厅与原阳台1间的隔墙及推拉门，将原阳台1并入室内。

❷ 拆除原客厅与卧室间的隔墙。将原阳台1与卧室间的墙体向南面继续制作长度为900mm的墙体，接着向东面垂直方向以100mm厚石膏板制作隔墙，并设置开门。将新围合的区域分配为新的卧室2空间，成为次卧室。

❸ 在原阳台1外墙向室内方向垂直4800mm处，以100mm厚石膏板制作隔墙，同样以100mm厚石膏板制作另一面隔墙，并设置开门。将新围合的区域分配为新的卧室1空间，成为居室的主卧室。

❹ 在新设置的卧室1南面隔墙垂直2600mm处，以100mm厚石膏板制作隔墙，同样以100mm厚石膏板制作另一面隔墙，并设置开门。将新围合的区域分配为新的书房空间。

❺ 以5mm+9mm+5mm厚中空玻璃对原阳台2进行阳台封闭，将原室外阳台2变为室内空间，增大室内的使用面积。同时拆除厨房与原阳台2间的隔墙及开门，将原阳台2并入厨房中，打造时尚、宽敞的U形厨房。

↑客厅中采用木质百叶卷帘，相比传统布艺窗帘，卷帘具有耐用、常新、易清洗、不老化、不褪色、遮阳、隔热、透气、防火等特点

↑餐厅顶面铺贴木质图案的壁纸，与墙面壁纸在图案上相区别，同时顶面壁纸渲染出的自然、生机的气息与墙面的花鸟图案相得益彰

↑将原阳台2并入厨房后，厨房面积得到增加。在厨房中倚墙设置一排长桌，既可作平时小酌的吧台，又可作在用餐人数不多时的临时餐桌

↑在卧室的床头上方设置一组筒灯，作为卧室的辅助光源，既能起到辅助照明的作用，同时也能丰富卧室的光线层次，营造温馨、浪漫的卧室氛围

↑原阳台1并入室内后，让主卧室不仅空间更宽裕，同时采光通风也得到很好的保证。在房间里摆上一个吊椅，一张小桌，能给卧室增添不少闲情逸致

↑书房中造型丰富的装饰柜，既具有博古架的艺术美，又满足了书柜的收纳功能，错综复杂的隔板带来了独特的中式风格美感

案例  取长补短巧用“光”

异型空间妙设计，时尚实用两不误

户型档案

这是一套三居室户型，建筑面积约为115m²，三室两厅，含卧室三间，客餐厅、厨房各一间，卫生间两间，朝北面的阳台一处，朝东面的阳台一处。

主人寄语

我们是一对80后夫妻，即将不惑之年，我们在收房时，室内的隔墙并不完整，这应该也是目前住宅建造的一个趋势了，可以让业主在装修中根据自己的需求划分空间。这套房我们准备一家五口居住，至少需要分隔出三间卧室，父母一间，孩子一间，我们夫妻两人一间。两个卫生间，一个并入主卧室中，另一个用作公用卫生间。在装修风格上，中式风格或是现代简约风格以及混搭风格都是不错的。

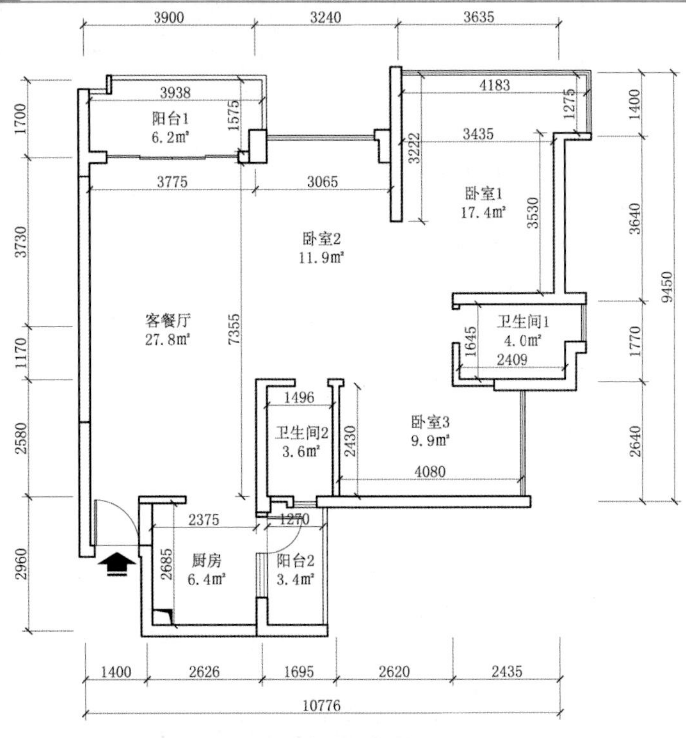

原始平面图

优缺点分析

优点：空间虽然未作详细分区，但可塑性强，多处大面积落地窗，室内采光充足。

缺点：户型不够方正，所形成的异形空间区域略多，空间浪费大。

方案20.1 简欧与美式风格的交相辉映

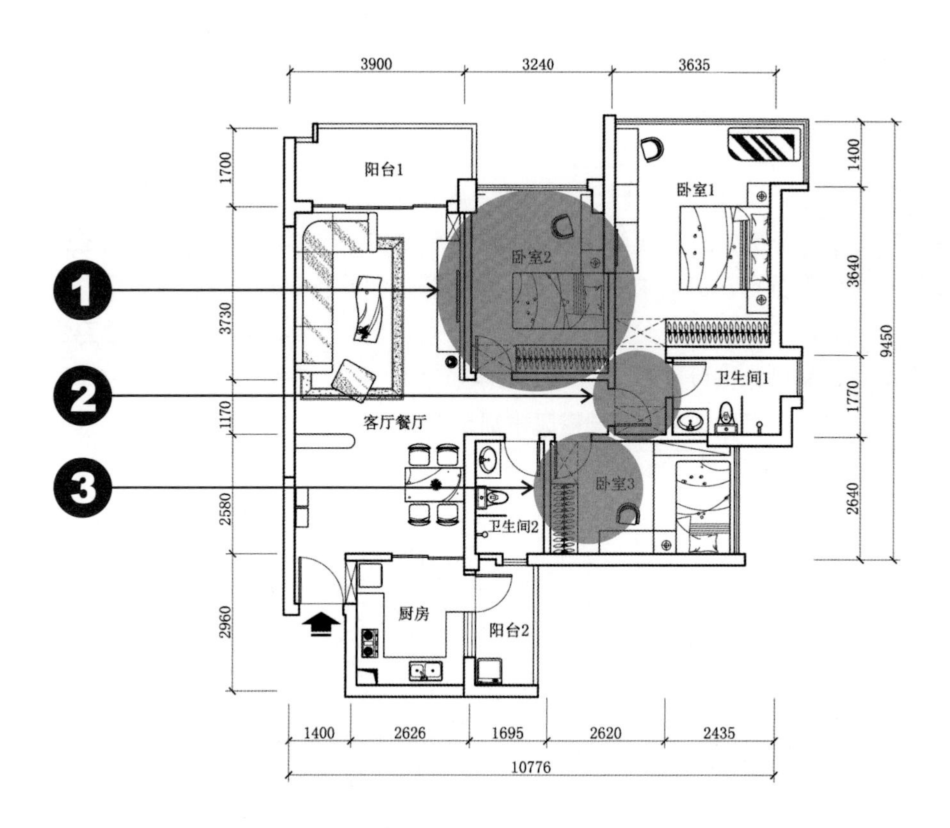

20.1 改造平面图

变身后的新形象诠释

❶ 以顶面横梁为基准，在客厅与卧室2以及卧室2与原卫生间2之间以100mm厚石膏板制作隔墙，同时以100mm厚石膏板制作卧室2与卧室1间的隔墙，并设置开门，将卧室2分配为居室的儿童房。

❷ 在卧室1与卧室2间的隔墙向南，以100mm厚石膏板制作隔墙，并设置开门，将原卫生间1并入卧室1中，卧室1设置为居室的主卧室。

❸ 以100mm厚石膏板制作卧室3与过道间的隔墙，并设置开门，将卧室3设置为居室的老人房。

↑铁艺枝灯是简欧风格所特有的装饰元素之一，不仅造型别致、华美，而且照明度好，美观实用，可成为整个居室空间的点睛之笔

↑将欧式风格中的代表性元素罗马柱，作为电视机背景墙的图案，与厚重、古朴的美式家具相搭配，将这两种风格完美地融合在了一起

↑属于中性色彩的灰色最具典雅气质，与造型独特、大气的餐桌椅相得益彰。为了弥补灰色墙面带来的单调感，在墙面挂置一组边框材质与家具相同的装饰画，既丰富了墙面，又使整个餐厅和谐统一

↑卧室中以棕色的原木色为基色，渲染出古朴的自然气息，但却显得沉闷。床头背景墙上色彩斑驳的装饰画，打破了这种沉闷，为卧室增添了活力

↑实木地板不仅可以铺设在地面，还可以用在墙面和顶面，为居室带来自然的原始气息。需要注意的是，墙面和顶面及地面同时铺设实木地板时，要选择色彩、纹路不同的材质来加以区别

↑主卧室中的超大落地窗，成为卧室中的最大亮点，这里不仅成为一个绝佳的休闲之处，更是整个卧室的光线来源

方案20.2 自然生态的新中式“大家”风范

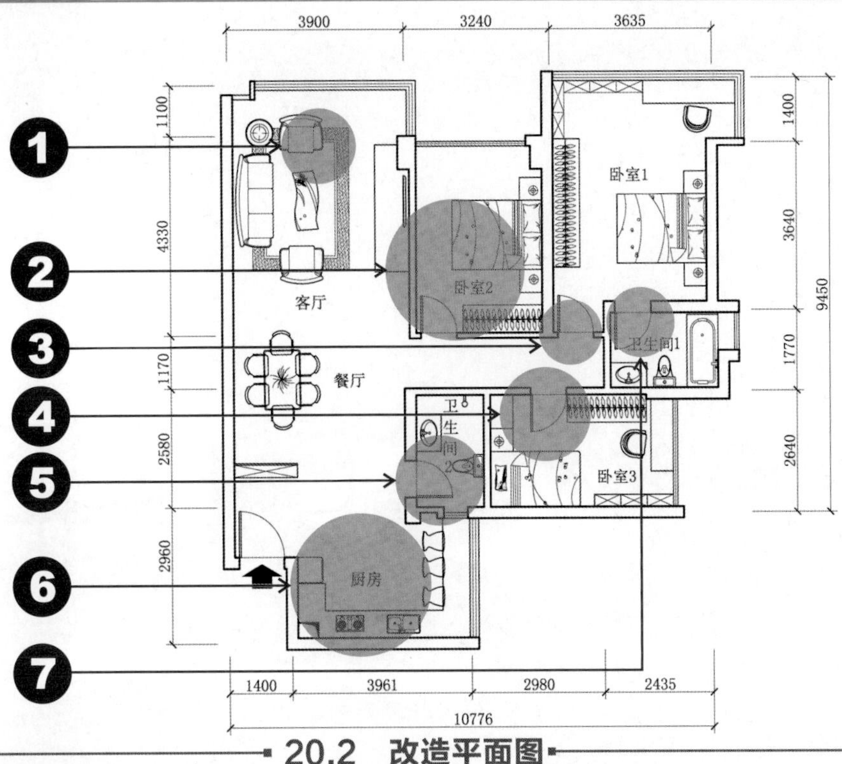

20.2 改造平面图

变身后的新形象诠释

❶ 拆除原阳台1与客厅间的隔墙及推拉门，将原阳台1并入室内。

❷ 沿原阳台1的外墙边缘，以100mm厚石膏板制作客厅与卧室2间的隔墙。将卧室2与卧室1间的隔墙加长，同时以顶面横梁为基准，以100mm厚石膏板制作卧室2与原卫生间2间的隔墙，并设置开门。将卧室2设置为居室的老人房。

❸ 在新制作的卧室2与走道间隔墙向东的延长线上，以100mm厚石膏板制作隔墙，并设置卧室1的开门。

❹ 以100mm厚石膏板制作卧室3与走道间的隔墙，并设置开门。将卧室3设置为居室的儿童房。

❺ 以100mm厚石膏板制作隔墙，封闭原卫生间2的开门。拆除原卫生间2与餐厅间的部分隔墙，并设置开门，改变卫生间2的开门方向。

❻ 拆除厨房与餐厅及入户大门间的隔墙。同时拆除厨房与原阳台2间的隔墙、窗户及开门。以5mm+9mm+5mm厚中空玻璃封闭原阳台2，将其并入厨房，打造一体式餐厨空间。

❼ 拆除原卫生间1与卧室1间的部分隔墙，设置开门，将原卫生间1并入卧室1中。将卧室1设置为居室的主卧室。

↑将原阳台1并入客厅后，客厅变得宽敞许多。不论是墙面上的黑树根大理石、木质装饰造型，还是线条简练的明式家具，处处彰显着古典的中式“大家”风范

↑客厅是家中会客、视听等公共区域，是最能彰显主人审美情趣的地方。电视柜采用中国传统的金属搭扣式木箱为装饰元素，置身客厅中，感受久远的历史气息

↑在主卧室中，临窗摆放的书桌与装饰博古架，取材于中国四大名木之一的黄花梨木，黄花梨木具有木色温润，纹理清晰，如行云流水的古典韵味

↑荷花在中国文学中象征着清白、高洁的高贵品格，也象征着美好、缠绵的爱情。在卧室的床头铺贴以荷花为元素的壁纸，有着非常美好的寓意

↑主卧室中一面墙铺贴以荷花、荷叶为元素的壁纸，而另一面墙上挂置以莲蓬为元素的立体造型装饰画，形成呼应，增加了卧室的整体感

↑餐厅背景墙以中国传统文化中的花中“四君子”之一的竹为元素，栩栩如生的仿真竹子造型，让人仿佛置生于静谧的竹林中

方案20.3 大气实用两不误，空间分隔显神通

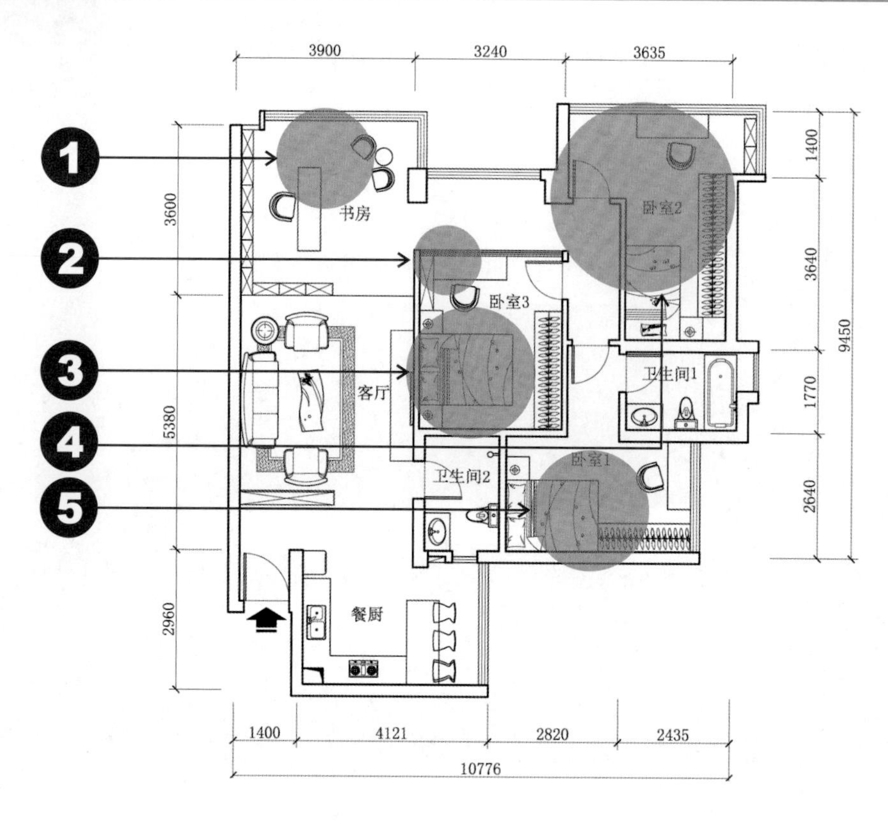

20.3 改造平面图

变身后的新形象诠释

❶ 拆除原阳台1与客厅间的隔墙及推拉门，将原阳台1并入室内。以厚度为260mm的书柜作分隔，在客厅中分隔出书房区域，并使书房的进深为3600mm。

❷ 以100mm厚石膏板沿原卫生间2与客厅间隔墙向北的延长线上制作隔墙，使隔墙与书房东面墙体的距离为1000mm。接着以中空玻璃封闭另一面墙。

❸ 以顶面横梁为基准，以100mm厚石膏板制作隔墙，并设置开门。同时以100mm厚石膏板封闭原卫生间2的开门。将新围合的区域分配为新的卧室3区域，成为居室的老人房。

❹ 拆除原卧室2与原卧室1间的部分隔墙。以100mm厚石膏板沿原卫生间2与走道间隔墙的北面制作隔墙。同时以100mm厚石膏板制作另一面隔墙，并设置开门。将新围合的区域分配为新的卧室2区域，成为儿童房。

❺ 以100mm厚石膏板制作隔墙，并设置开门，将原卫生间2并入原卧室3中。将新围合的区域分配为新的卧室1区域，成为居室的主卧室。

↑将原阳台1并入客厅后，客厅面积得到扩展，可在其中分隔出一部分用作书房。用书柜代替传统隔墙，使空间得到最大化利用。同时在书柜的背面安装镜面玻璃，在视觉上又使客厅显得更开阔

↑客厅的电视机背景墙铺贴定制图案的壁纸，壁纸采用黑底白字，好像一面大型黑板，彰显出独具一格的个性与品位

↑厨房墙面仿砖块图案的壁纸，渲染出古朴、平实的气息，与厨房中时尚的现代化橱柜及厨房用具形成鲜明对比，相辅相成

→书房的地面铺装混纺地毯，从地面材料上将书房与其他功能区进行划分。书房是家庭成员工作和学习的地方，地毯所具备的静音特性能更好地营造出宁静的书房环境

→卧室中以玻璃隔断代替隔墙，大面积的玻璃将卧室外的光线引入房内，解决了卧室采光不足的问题，同时在视觉上也能起到增大空间的作用

→黑白灰搭配能营造出素雅的时尚感，但是如果一个空间中仅仅只用这些中性色彩来搭配，就会造成沉闷感。因此，加入适量的高纯度亮丽的色彩，能起到画龙点睛的视觉效果